嵌入式系统设计

——基于ARM与Linux

主编　王勇　文良华

图书在版编目（CIP）数据

嵌入式系统设计 ：基于 ARM 与 Linux / 王勇，文良华主编. — 成都 ：四川大学出版社，2022.9（2023.9 重印）

ISBN 978-7-5690-4091-3

Ⅰ. ①嵌… Ⅱ. ①王… ②文… Ⅲ. ①微处理器－系统设计－高等学校－教材② Linux 操作系统－高等学校－教材 Ⅳ. ① TP332.021 ② TP316.85

中国版本图书馆 CIP 数据核字（2021）第 001756 号

书　　名：嵌入式系统设计——基于 ARM 与 Linux
　　　　　Qianrushi Xitong Sheji——Jiyu ARM yu Linux
主　　编：王　勇　文良华

选题策划：王　锋
责任编辑：王　锋
责任校对：刘柳序
装帧设计：裴菊红
责任印制：王　炜

出版发行：四川大学出版社有限责任公司
　　　　　地址：成都市一环路南一段 24 号（610065）
　　　　　电话：（028）85408311（发行部）、85400276（总编室）
　　　　　电子邮箱：scupress@vip.163.com
　　　　　网址：https://press.scu.edu.cn
印前制作：四川胜翔数码印务设计有限公司
印刷装订：成都新恒川印务有限公司

成品尺寸：185mm×260mm
印　　张：13
字　　数：267 千字

版　　次：2022 年 9 月 第 1 版
印　　次：2023 年 9 月 第 2 次印刷
定　　价：49.00 元

四川大学出版社
微信公众号

前 言

嵌入式系统集软件与硬件于一体，具有软件代码小、可靠性高、实时性强等特点，特别适合于要求实时和多任务的小型及微型计算机体系，广泛地应用于各个领域。

在众多的嵌入式系统硬件和软件中，本书选择了应用最广泛的ARM嵌入式处理器和嵌入式Linux操作系统的应用作为讲解对象，帮助读者进入嵌入式开发领域。

本书从嵌入式初学者的角度出发，深入浅出地介绍了嵌入式系统开发的底层细节，重点是驱动程序设计以及基于QT的界面开发技术，并辅以大量配套实例，希望能够引导初学者快速进入嵌入式开发领域，掌握嵌入式开发的核心技术。

嵌入式技术涉及面非常宽，本书立足于引导初学者入门嵌入式开发领域这一目标，在内容编排上遵循少而精的原则，同时结合了作者多年的教学经验。本书主要内容安排如下。

第1章：对嵌入式系统进行了全面概述，介绍嵌入式系统的基本概念。

第2章：全面介绍了ARM Cortex-A7处理器。

第3章：介绍ARM指令集及汇编语言程序设计技术。

第4章：介绍了嵌入式Linux开发环境的搭建。主要包括嵌入式Linux操作系统及使用、VIM编辑器的使用、交叉编译器的安装、程序的编译流程以及相关工具软件的安装使用等。

第5章：介绍了i.MX6U处理器的结构，GPIO和常见外设的配置及编程。

第6章：介绍了U-BOOT的工作原理、目录结构和使用方法。

第7章：讲解嵌入式Linux下设备驱动程序的编写。

第8章：讲解QT图形界面编程技术基础。

本书由文良华编写了第1、2、3章，王勇编写了第4、5、6、7、8章。

本书的读者对象为嵌入式系统应用程序开发人员、 大中专院校的学生，以及对

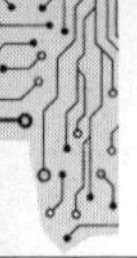

嵌入式技术感兴趣的人员。

本书实例主要基于正点原子的i.MX6U开发板，并参考了许多技术资料和文献，书末列出了具体参考文献，在此对各位作者的付出深表谢意！

由于编者水平有限，本书内容不妥之处在所难免，敬请广大读者批评指正，并提出宝贵意见。

编　者

2022年6月

目　录

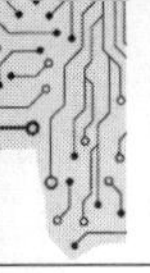

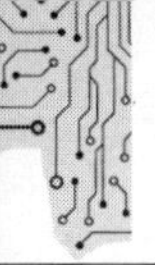

第 1 章　嵌入式系统概述

嵌入式系统可以定义为嵌入对象体系中的专用嵌入式处理器应用系统。它是以应用为中心，以计算机技术为基础，软件硬件可剪裁，适应于对系统功能、可靠性、成本、体积、功耗等有严格要求的专用计算机系统。其广泛应用于工业控制、汽车电子、仪器仪表、手持设备、通信设备、信息家电、网络设备、航空航天等领域。嵌入式系统不仅拥有巨大的市场，而且业界对嵌入式系统技术人才的需求也非常大。

1.1　嵌入式系统组成概述

现代嵌入式系统通常是基于微控制器（如含集成内存和/或外设接口的中央处理单元）或微处理器，在较复杂的系统中也使用外部存储芯片和大量外设电路，并在其上运行特定操作系统和应用软件。

嵌入式系统可以分为三个层级：板级（硬件层）、系统级（中间层或系统软件层）和应用级（应用软件层），见图1–1。

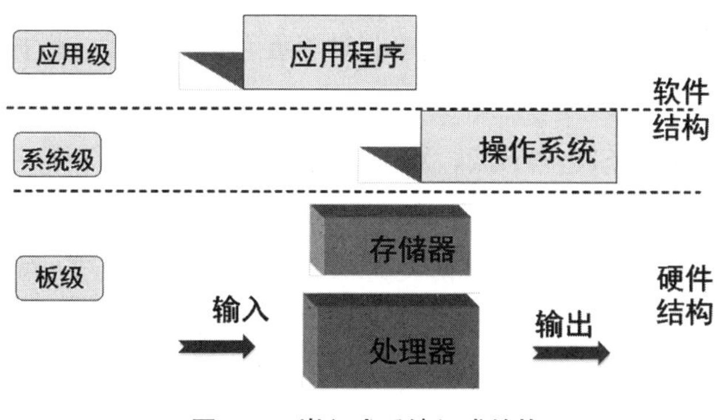

图 1–1　嵌入式系统组成结构

本书针对这三个层级主要讲授的内容如下。

（1）**板级**：为硬件层，包括嵌入式微处理器、存储器、电源、各类外设及通信接口等。

（2）**系统级**：核心为嵌入式操作系统，主要作用是将顶层应用软件和底层硬件分离开来，使顶层软件开发人员无须关心底层硬件的具体情况，只需根据BSP（板级支持包）提供的接口开发即可。其一般是通过将通用操作系统进行裁剪、移植而来。

（3）**应用级**：用户通过各类软件开发平台编写应用软件，通过调用系统软件提供的驱动程序和应用程序服务接口等方式，完成特定的功能。

1.2 嵌入式系统特征

嵌入式系统具有以下三个基本特征：

（1）**嵌入性**：专指计算机嵌入对象体系中（执行装置），对其实现智能控制。

（2）**专用性**：指在满足对象控制要求及环境要求下的软、硬件可裁剪性。

（3）**智能性**：内含嵌入式处理器，是对象智能化控制根本保证，能实现对象系统的计算机智能化控制能力。

1.3 嵌入式系统处理器

嵌入式系统处理器是嵌入式系统的核心，是控制系统运行的硬件单元，直接关系到整个嵌入式系统的性能。它可分为以下四种类型。

（1）**嵌入式微控制器**（Micro Controller Unit，MCU）：其典型代表是单片机。以某种微处理器内核为核心，集成ROM/RAM/Flash、总线及总线逻辑、AD/DA、定时器、中断控制、I/O、串口、PWM输出等各种必要功能和外设。微控制器的最大特点是单片化，体积小，功耗和成本较低。

典型的MCU有MCS-51、STM32、MSP430、AVR等。

（2）**嵌入式微处理器**（Micro Processor Unit，MPU）：由通用计算机的CPU演化而来，只保留了与嵌入式应用紧密相关的功能硬件，大幅度减小系统体积和功耗，结构比MCU更加复杂，集成高速缓冲、MMU、浮点运算部件、NEON协处理器等，片外还接有大容量存储器，经常需要嵌入式操作系统的支持完成工作。与工业控制计算机相比，嵌入式微处理器具有体积小、重量轻、成本低、可靠性高的优点。

典型的MPU有ARM Cortex-A系列、MIPS、PowerPC、x86等。

（3）**嵌入式DSP处理器**（Digital Signal Processor，DSP）：其在系统结构和指令算法方面进行了特殊设计，具有很高的编译效率和指令的执行速度，具备很强的乘—累加（MAC）计算能力，更适用于DSP算法，是专门用于信号处理的处理器。在数字滤波、FFT、谱分析等各种仪器上，DSP有广泛的应用。

典型的嵌入式DSP处理器产品是德州仪器公司的TMS320系列和摩托罗拉公司的DSP56000系列。

（4）**嵌入式片上系统**（System on Chip，SoC）：是指在单个芯片上集成一个完整的系统。这里所说完整的系统一般包括中央处理器（CPU）、存储器，以及外围电路等。SoC最大的特点是成功实现了软硬件无缝结合，具有极高的综合性，是一种系统级的设计技术。

SoC技术又可以分为两类：一类是以大规模现场可编程逻辑阵列FPGA（Field-Programmable Gate Array）作为物理载体进行芯片设计的技术，称为可编程片上系统技术，即SoPC（System on Programmable Chip），主要产品有Xilinx系列和Altera系列；另一类是以专用集成电路ASIC（Applicatlon-Specific Integrated Circuit）为物理载体的系统级的芯片设计，即狭义SoC，主要产品是各类专用芯片，如CC2530等。

狭义SoC技术和SoPC技术都是系统级芯片设计技术，统称为SoC技术。

习题 1

1. 什么是嵌入式系统？
2. 简述嵌入式系统的组成。
3. 简述嵌入式系统的特征。
4. 简述嵌入式处理器的分类。

第 2 章　ARM Cortex-A7 微处理器结构

ARM（Advanced RISC Machines）有三种含义：它是一个公司的名称，也是一种技术的名称，还是一类微处理器的通称。

ARM公司是英国全球领先的半导体知识产权（IP）提供商。ARM公司并不生产芯片，而是出售芯片技术授权。ARM设计了大量高性价比、耗能低的RISC处理器、相关技术及软件，全世界超过95%的智能手机和平板电脑都采用ARM架构处理器。

ARM架构，又称先进精简指令集，本身是32位设计，但也配备16位指令集。

ARM处理器是ARM公司设计的精简指令集（RISC）处理器架构家族。

ARM公司推出的处理器目前以Cortex命名，并分成A、R和M三类，旨在为各种不同的市场提供服务：

（1）Cortex-M系列面向嵌入式微控制器—单片机领域；

（2）Cortex-R系列面向要求可靠性和实时响应的嵌入式实时控制领域，如汽车制动系统等；

（3）Cortex-A系列则面向具有复杂软件操作系统（需使用虚拟内存管理）的用户应用，用于具有高计算要求、运行丰富操作系统及提供交互媒体和图形体验的应用领域，如智能手机、平板电脑、汽车娱乐系统、数字电视等。

2.1　ARM Cortex-A7 微处理器概述

Cortex-A7基于ARMv7-A架构，于2011年发布，它支持1～4核，通常是和Cortex-A15组成big.LITTLE架构，其中Cortex-A15 作为大核负责高性能运算，而Cortex-A7负责普通应用。Cortex-A7内核结构如图2-1所示。

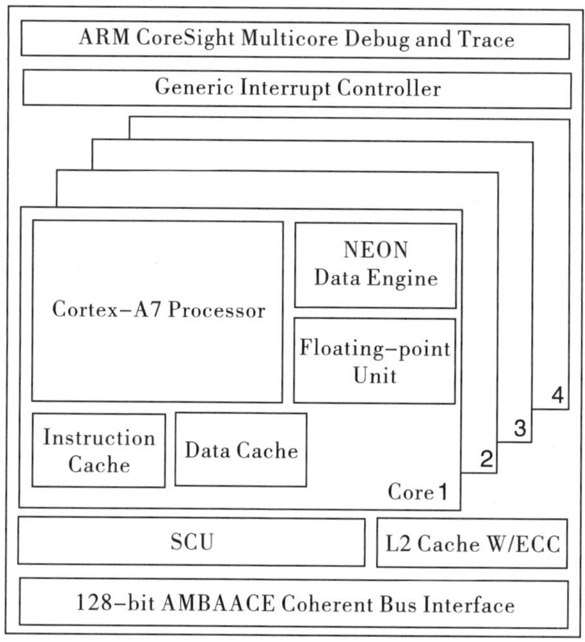

图 2-1　Cortex-A7 内核结构

28nm工艺下，Cortex-A7可以运行在1.2 ~ 1.6GHz，并且单核面积不大于0.45mm²（含有浮点单元、NEON和32KB的L1缓存），在典型场景下功耗小于100mW，非常适合移动设备，在获得与Cortex-A9相似性能的情况下，功耗更低。

Cortex-A7搭载的核心中，L1缓存分为L1指令缓存（Instruction Cache）和L1 数据缓存（Data Cache），可选大小范围是8KB、16KB、32KB、64KB；L2 缓存可以不配，也可以选择搭载128KB、256KB、512KB、1024KB等。

Cortex-A7 MPCore架构基于ARMv7-A架构，并主要进行了以下扩展：

（1）支持浮点向量操作和高性能的单双精度浮点指令。

（2）最高可以访问40位存储地址，即最高支持1TB的内存。

（3）支持硬件虚拟化。

（4）支持通用中断控制器（GIC）v2.0架构。

（5）支持NEON，可以加速多媒体和信号处理算法。

（6）ACE和调试接口符合AXI和APB。

（7）嵌入式跟踪宏单元格（ETM）接口支持跟踪。

2.2　Cortex-A7 工作模式

Cortex-A7有9种工作模式，见表2-1。

表 2-1　Cortex-A7 工作模式

工作模式	描述
User（USR）	用户模式，非特权模式，大部分程序运行的时候就处于此模式
FIQ	快速中断模式，进入 FIQ 中断异常
IRQ	一般中断模式
Supervisor（SVC）	超级管理员模式，特权模式，供操作系统使用。ARM内核上电时处于SVC模式，主要用于SWI（软件中断）和受保护的操作系统模式
System（SYS）	系统模式，用于运行特权级的操作系统任务
Undef（UND）	未定义指令终止模式
Abort（ABT）	数据访问终止模式，用于虚拟存储及存储保护
Monitor（MON）	监视模式，用于安全扩展
Hyp（HYP）	超级监视模式，用于虚拟化扩展

除User用户模式外，其余8种模式都是特权模式。

大多数程序运行在用户模式，用户模式下有些资源的访问是受限制的，用户模式不能直接进行模式切换，需要借助异常中断来完成模式的切换。

当应用程序发生异常中断时，处理器进入相应的特权模式。在每一种特权模式中都有一组专用寄存器以供相应的异常处理程序使用，这样就可以保证在进入ARM特权模式时用户模式下的寄存器（保存程序运行状态）不被破坏。

2.3　Cortex-A7 寄存器结构

Cortex-A7的9种运行模式中，每一种都有一组与之对应的寄存器。每一种模式可见的寄存器包括15个通用寄存器（R0 ~ R14）、一两个程序状态寄存器CPSR（Current Program Status Register）或备份程序状态寄存器SPSR（Saved Prgram Status Register）和一个程序计数器 PC。

Cortex-A7共有43个32位寄存器。

2.3.1　不同工作模式下的寄存器分组

在不同的工作模式下看到的寄存器不一样，如表2-2所示。

表 2-2　9 种工作模式对应的寄存器

USR	SYS	FIQ	IRQ	ABT	SVC	UND	MON	HYP
R0	R0	R0	R0	R0	R0	R0	R0	R0
R1	R1	R1	R1	R1	R1	R1	R1	R1
R2	R2	R2	R2	R2	R2	R2	R2	R2

续表 2-2

USR	SYS	FIQ	IRQ	ABT	SVC	UND	MON	HYP
R3	R3	R3	R3	R3	R3	R3	R3	R3
R4	R4	R4	R4	R4	R4	R4	R4	R4
R5	R5	R5	R5	R5	R5	R5	R5	R5
R6	R6	R6	R6	R6	R6	R6	R6	R6
R7	R7	R7	R7	R7	R7	R7	R7	R7
R8	R8	R8_fiq	R8	R8	R8	R8	R8	R8
R9	R9	R9_fiq	R9	R9	R9	R9	R9	R9
R10	R10	R10_fiq	R10	R10	R10	R10	R10	R10
R11	R11	R11_fiq	R11	R11	R11	R11	R11	R11
R12	R12	R12_fiq	R12	R12	R12	R12	R12	R12
R13（sp）	R13（sp）	SP_fiq	SP_irq	SP_abt	SP_svc	SP_und	SP_mon	SP_hyp
R14（lr）	R14（lr）	LR_fiq	LR_irq	LR_abt	LR_svc	LR_und	LR_mon	R14（lr）
R15（pc）	R15（pc）	R15（pc）	R15（pc）	R15（pc）	R15（pc）	R15（pc）	R15（pc）	R15（pc）
CPSR	CPSR	CPSR	CPSR	CPSR	CPSR	CPSR	CPSR	CPSR
—	—	SPSR_fiq	SPSR_irq	SPSR_abt	SPSR_svc	SPSR_und	SPSR_mon	SPSR_hyp
—	—	—	—	—	—	—	—	ELR_hyp

（1）**R0-R12**：通用寄存器组，用于保存数据或地址。其中R0～R7是不分组的通用寄存器，在所有工作模式下用的都是同一组寄存器；R8～R15是分组的通用寄存器，不同模式下用到的物理寄存器可能不同。

（2）**寄存器R13（SP）**：常用作堆栈指针，保存的是每种模式下的栈空间地址，每一种模式都有自己的栈空间。异常处理程序负责初始化自己的R13寄存器，使其指向该异常模式专用的栈地址。在异常处理程序入口处，将用到的其他寄存器的值保存在堆栈中，返回时重新将这些值加载到寄存器。通过这种保护程序现场的方法，确保中断异常不会破坏被其中断的程序现场。

（3）**寄存器R14（LR）**：又被称为连接寄存器，它在ARM体系结构中具有以下两种特殊作用①每一种处理器模式都用自己的R14存放当前子程序的返回地址。②当通过BL或BLX指令调用子程序时，R14被设置成该子程序的返回地址。在子程序返回时，把R14的值复制到程序计数器（PC）。

（4）**寄存器R15（PC）**：用作程序计数器。R15保存着当前执行的指令地址值加8个字节，这是ARM的流水线机制导致的。ARM处理器有3级流水线，即取指->译码->执行，这三级流水线循环执行，当前正在执行第一条指令的同时对第二条指令进行译码，第三条指令也同时被取出存放在R15（PC）中。以当前正在执行的指令作为参考点，也就是以第一条指令为参考点，那么R15（PC）中存放的就是第三条指令，即R15（PC）总是指向当前正在执行的指令地址再加上2条指令的地址。对于32位的ARM处理器，每条指令是4个字节，因此有：

R15（PC）值=当前执行的指令地址 + 8个字节

2.3.2 程序状态寄存器

所有处理器模式下都共用当前程序状态寄存器CPSR，每一种异常处理器模式下都有一个专用的备份程序状态寄存器SPSR。当异常中断发生时，这个物理存储器负责存放当前程序状态寄存器的内容，即SPSR用于保存CPSR的值。当异常处理程序返回时，再将其内容恢复到当前程序状态寄存器。

USR和SYS这两个模式不是异常模式，所以没有配备SPSR，因此不能在USR和SYS模式下访问SPSR，否则会导致不可预知的结果。由于 SPSR 是 CPSR 的备份，因此SPSR和CPSR 的寄存器结构相同，如图 2-2所示。

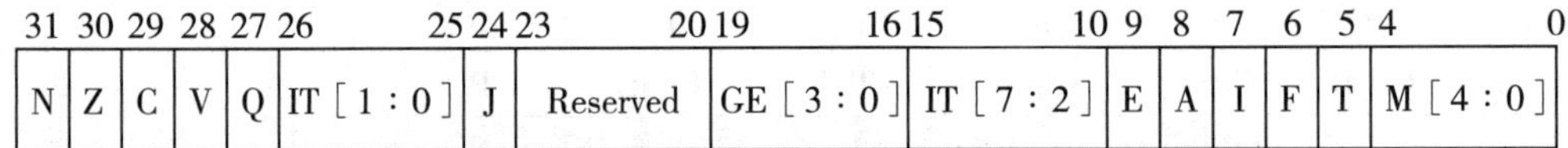

31	30	29	28	27	26 25	24	23 20	19 16	15 10	9	8	7	6	5	4 0
N	Z	C	V	Q	IT［1：0］	J	Reserved	GE［3：0］	IT［7：2］	E	A	I	F	T	M［4：0］

图 2-2 程序状态寄存器（CPSR 和 SPSR）的位定义

2.3.2.1 条件标志位

N（bit31）：当两个补码表示的有符号整数运算的时候，N=1表示运算结果为负数，N=0表示运算结果为正数。

Z（bit30）：Z=1表示运算结果为零，Z=0表示运算结果不为零，对于CMP指令，Z=1 表示进行比较的两个数大小相等。

C（bit29）：在加法指令中，若结果产生了进位，则 C=1，表示无符号数运算发生上溢，其他情况下C=0；在减法指令中，当运算中发生借位，则C=0，表示无符号数运算发生下溢，其他情况下C=1。对于包含移位操作的非加/减法运算指令，C中包含最后一次溢出的位的数值，对于其他非加/减运算指令，C位的值通常不受影响。

V（bit28）：对于加/减法运算指令，当操作数和运算结果是二进制的补码表示的带符号数时，V=1 表示符号位溢出，通常其他位不影响V位。

2.3.2.2 状态标志位

Q（bit27）：在ARM V5及以上版本的E系列处理器中，用Q标志位指示增强的DSP运算指令是否发生了溢出。在其他版本的处理器中，Q标志位无定义。

IT［1：0］（bit26：25）：和IT［7：2］（bit15：bit10）一起组成 IT［7：0］，作为 IF-THEN 指令执行状态。

J（bit24）：用于表示处理器是否处于ThumbEE状态，此位通常和T（bit5）位一起表示当前所使用的指令集，如表 2-3 所示。

表 2-3　指令类型

J	T	描述
0	0	ARM
0	1	Thumb
1	1	ThumbEE
1	0	Jazelle

2.3.2.3　控制位

IT［7：2］（bit15：10）：参考IT［1：0］。

E（bit9）：大小端控制位，E=1表示大端模式，E=0表示小端模式。

A（bit8）：禁止异步中断位，A=1表示禁止异步中断。

I（bit7）：I=1表示禁止IRQ，I=0表示使能IRQ。

F（bit6）：F=1表示禁止FIQ，F=0表示使能FIQ。

T（bit5）：控制指令执行状态，表明本指令是ARM指令还是Thumb指令，通常和J（bit24）一起表明指令类型，参考J（bit24）位。

M［4：0］（bit4：0）：处理器模式控制位，如表2-4所示。

表 2-4　处理器模式控制位及优先级

M［4：0］	处理器模式	优先级
10000	USR	PL0
10001	FIQ	PL1
10010	IRQ	PL1
10011	SVC	PL1
10110	MON	PL1
10111	ABT	PL1
11010	HYP	PL2
11011	UND	PL1
11111	SYS	PL1

2.3.3　存储器结构

在ARM嵌入式系统设计中，按照不同的存储容量、存取速度和价格，将存储器系统的层次结构分为4级，如图2-3所示。

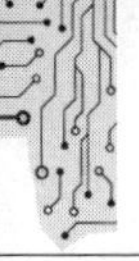

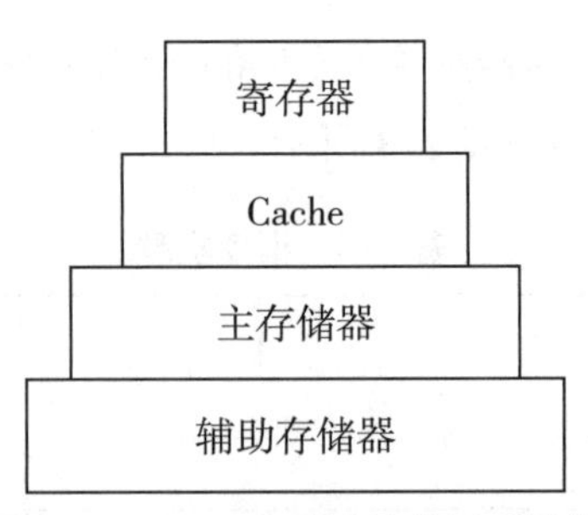

图 2-3　ARM 存储系统的层次结构

寄存器包含在CPU内部，用于指令执行时的数据存放。Cache是高速缓存，暂存CPU正在使用的指令和数据。主存储器是程序执行代码和数据的存放区，如DDR2 SDRAM存储芯片。辅助存储器类似PC机中的硬盘，在嵌入式系统中常采用Flash芯片。

整个存储器结构又可以被看成两个层次，即主存—辅存层次和Cache—主存层次。

2.3.3.1　协处理器CP15

在ARM系统中，实现对存储系统的管理通常使用的是协处理器CP15，也被称为系统控制协处理器（System Control Coprocesssor，SCC）。ARM处理器支持16个协处理器。

程序在执行过程中，每个协处理器忽略属于ARM处理器和其他协处理器的指令。当一个协处理器不能执行属于它的指令时，将产生一个未定义指令异常中断。

CP15负责完成大部分的存储器管理。当在一些没有标准存储管理的系统中，CP15是不存在的。针对CP15的指令将被视为未定义指令，指令的执行结果是不可预知的。

CP15有16个32位寄存器，编号0～15。某些编号的寄存器可能对应多个物理寄存器，在指令中指定特定的标志位来区分这些物理寄存器，类似于ARM中的寄存器。处于不同的处理器模式时，ARM的某些寄存器可能不同。

2.3.3.2　内存管理单元MMU

CPU的位数决定了地址范围，如32位的Cortex-A7处理器，其地址范围是0～0xFFFF_FFFF（4GB），这是CPU能够直接访问的地址范围。这个地址范围就称为虚拟地址空间，该空间中的任一地址就是虚拟地址。

与虚拟地址和虚拟地址空间对应的是物理地址和物理地址空间，大多数时候物理地址空间只是虚拟地址空间的一个子集。例如，在内存为256M的32位嵌入式系统中，物理地址空间是0～0x0FFF_FFFF（256MB）。

MMU（Memory Management Unit）即内存管理单元，是嵌入式操作系统用于完成任务的存储空间管理部件。通过MMU，嵌入式操作系统把每个任务当前正在使用的部分数据保存在内存中，暂时未使用的数据保存在外存上，并使得每个任务都认为自己在独享内存。

MMU实现了虚拟存储空间到物理存储空间的映射。它采用页式虚拟存储管理，把虚拟空间分成固定大小的块，每一块称为一页；物理内存地址空间也分成同样大小的页。

页表是实现MMU的重要手段，页表存储于内存中，表的每一行对应于虚拟空间的一个页，该行包含了虚拟内存页对应的物理内存页的地址。通过CP15协处理器的寄存器C2来保存页表的基地址。

2.4　Cortex-A7 异常处理

2.4.1　异常向量表

在ARM体系结构中有8种异常中断。异常中断发生时，处理器会将PC寄存器设置为一个特定的存储器地址，这些特定的存储器地址称为异常向量。所有的异常向量被集中放在程序存储器的一个连续地址空间中，称为异常向量表。每个异常向量只占4个字节，异常向量中是一些跳转指令，跳转到对应的异常处理程序。

通常存储器地址的映射地址0x00000000是为异常向量表保留的，见表2-5。

表 2-5　异常向量表

入口地址	异常	进入模式	进入异常条件
0x00000000	复位 reset	特权模式（SVC）	复位电平有效
0x00000004	未定义指令 undefined_instruction	未定义指令中止模式（UND）	遇到不能处理的指令
0x00000008	软件中断 software_interrupt	特权模式（SVC）	执行SWI指令
0x0000000c	预存指令中止 prefetch_abort	中止模式ABT	处理器预取指令的地址不存在，或该地址不允许当前指令访问
0x00000010	数据操作中止 data_abort	中止模式ABT	处理器数据访问指令的地址不存在，或该地址不允许当前指令访问
0x00000014	未使用 not_used	未使用	未使用
0x00000018	外部中断请求 IRQ	一般中断模式	外部中断请求有效，且CPSR中的I位为0
0x0000001c	快速中断请求 FIQ	快速中断模式	快速中断请求引脚有效，且CPSR中的F位为0

表2-5中共定义了8类异常事件：复位、未定义指令、软件中断、预存指令中止、数据操作中止、未使用、外部中断请求 IRQ和快速中断请求 FIQ。

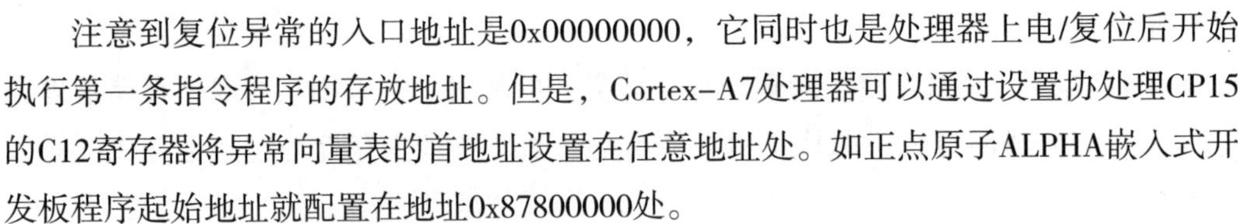

注意到复位异常的入口地址是0x00000000，它同时也是处理器上电/复位后开始执行第一条指令程序的存放地址。但是，Cortex-A7处理器可以通过设置协处理CP15的C12寄存器将异常向量表的首地址设置在任意地址处。如正点原子ALPHA嵌入式开发板程序起始地址就配置在地址0x87800000处。

一般在U-BOOT的start.S程序中建立如下异常向量表：

```
.globl_start          /*声明全局符号*/
_start：b reset       /*程序入口跳转到复位程序执行*/
……
reset:                /*reset函数名称，复位后首先执行该程序*/
Bl save_boot_params
```

2.4.2 异常优先级

当几个异常中断同时发生时，就必须按照一定的次序来处理这些异常中断。在ARM中通过给各异常中断赋予一定的优先级来实现这种处理次序。各异常中断的处理优先级如表2-6所示。

表 2-6 异常中断的处理优先级

异常中断模式	优先级
复位模式	1（最高）
数据访问中止模式	2
快速中断（FIQ）模式	3
外部中断（IRQ）模式	4
指令预取中止模式	5
未定义指令中止模式（UND）	6
软件中断指令（SWI）	7
监视模式（SVC）	8（最低）

2.4.3 异常处理流程

2.4.3.1 ARM处理器对异常中断的响应过程

ARM处理器对异常中断的响应过程如下：

（1）保存处理器当前状态、中断屏蔽位以及各条件标志位。通过将当前程序状态寄存器CPSR的内容保存到将要执行的异常中断对应的SPSR寄存器中实现。各异常中断都有自己的物理SPSR寄存器。

（2）设置当前程序CPSR中相应的位。包括设置CPSR中的位，使处理器进入相应的执行模式。同时设置CPSR中的位，禁止IRQ模式；当进入FIQ模式时，禁止FIQ

中断。

（3）将寄存器LR_mode（R14）设置成返回地址，R14从R15中得到PC的备份。

（4）将程序计数器值PC设置成该异常中断的中断向量地址，从而跳转到相应的异常中断处理程序处执行。

上述处理器对异常中断的相应处理过程可以用如下的伪代码描述。

（1）响应复位异常中断。

当处理器的复位引脚有效时，处理器中止当前指令，当处理器的复位引脚变成无效时，处理器开始执行下面的操作：

```
R14_svc = UNPREDICTABLE value
SPSR_svc = UNPREDICTABLE value
CPSR［4：0］ = 0b10011 //进入特权模式
CPSR［5］ = 0    //切换到ARM状态
CPSR［6］ = 1    //禁止FIQ异常中断
CPSR［7］ = 1    //禁止IRQ异常中断
if high vectors configured then
PC = 0xffff0000
else
PC = 0x00000000
```

（2）响应未定义指令中止异常中断。

处理器响应未定义指令异常中断时的处理过程如下面的伪代码所示：

```
R14_und = address of next instruction after the undefined instruction
SPSR_und = CPSR
CPSR［4：0］ = 0b11011 //进入未定义指令中止异常中断模式
CPSR［5］ = 0    //切换到ARM状态
CPSR［6］ = 1    //禁止FIQ异常中断
CPSR［7］ = 1    //禁止IRQ异常中断
if high vectors configured then
PC = 0xffff0004
else
PC = 0x00000004
```

（3）响应软件中断指令异常中断。

处理器响应软件中断指令异常中断时的处理过程如下面的伪代码所示：

```
R14_svc = address of next instruction after the SWI instruction
SPSR_svc = CPSR
```

CPSR［4：0］＝0b10011 //进入特权模式

CPSR［5］＝0 //切换到ARM状态

CPSR［6］＝1 //禁止FIQ异常中断

CPSR［7］＝1 //禁止IRQ异常中断

if high vectors configured then

PC = 0xffff0008

else

PC = 0x00000008

（4）响应指令预取中止异常中断。

处理器响应指令预取中止异常中断时的处理过程如下面的伪代码所示：

R14_abt = address of the aborted instruction + 4

SPSR_abt = CPSR

CPSR［4：0］＝0b10111 //进入指令预取中止异常中断模式

CPSR［5］＝0 //切换到ARM状态

CPSR［6］＝1 //禁止FIQ异常中断

CPSR［7］＝1 //禁止IRQ异常中断

if high vectors configured then

PC = 0xffff000c

else

PC = 0x0000000c

（5）响应数据访问中止异常中断。

处理器响应数据访问中止异常中断时的处理过程如下面的伪代码所示：

R14_abt = address of the aborted instruction + 8

SPSR_abt = CPSR

CPSR［4：0］＝0b10111 //进入数据访问中止异常中断模式

CPSR［5］＝0 //切换到ARM状态

CPSR［6］＝1 //禁止FIQ异常中断

CPSR［7］＝1 //禁止IRQ异常中断

if high vectors configured then

PC = 0xffff0010

else

PC = 0x00000010

（6）响应IRQ异常中断。

处理器响应IRQ异常中断时的处理过程如下面的伪代码所示：

R14_irq = address of next instruction to be executed + 4

SPSR_irq = CPSR

CPSR［4：0］ = 0b10010 //进入IRQ异常中断模式

CPSR［5］ = 0　//切换到ARM状态

CPSR［6］ = 0　//打开FIQ异常中断

CPSR［7］ = 1　//禁止IRQ异常中断

if high vectors configured then

PC = 0xffff0018

else

PC = 0x00000018

（7）响应FIQ异常中断。

处理器响应FIQ异常中断时的处理过程如下面的伪代码所示：

R14_fiq = address of next instruction to be executed + 4

SPSR_fiq = CPSR

CPSR［4：0］ = 0b10001 //进入FIQ异常中断模式

CPSR［5］ = 0　//切换至ARM状态

CPSR［6］ = 1　//禁止FIQ异常中断

CPSR［7］ = 1　//禁止IRQ异常中断

if high vectors configured then

PC = 0xFFFF001C

else

PC = 0x0000001C

2.4.3.2　从异常中断处理程序中返回

基本操作：恢复被中断的程序的处理器状态，即将SPSR_mode寄存器内容复制到当前程序状态寄存器CPSR中。然后返回到发生异常中断的指令的下一条指令处执行，即将LR_mode寄存器的内容复制到程序计数器PC中。

（1）复位异常中断。

不需要返回。整个应用系统是从复位异常中断处理程序开始执行的，因此它不需要返回。

（2）SWI和未定义指令异常中断处理程序的返回。

SWI和未定义指令异常中断是由当前执行的指令自身产生的，PC指向了第三条指令，但PC的值还没有更新，仍为第二条指令的地址值。因此返回时，直接执行MOV PC，LR即可。

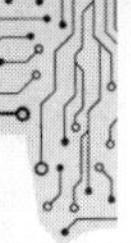

（3）IRQ和FIQ异常中断处理程序的返回。

通常处理器执行完当前指令后，会查询IRQ中断引脚和FIQ中断引脚，并查看系统是否允许IRQ中断和FIQ中断。如果中断引脚有效，并且系统允许该中断产生，那么处理器将产生IRQ异常中断或FIQ异常中断。

PC指向第三条指令，并且也得到了更新，因此返回时执行以下代码：

SUBS PC，LR，#4

（4）指令预取中止异常中断处理程序的返回。

当发生指令预取中止异常中断时，程序要返回到该有问题的指令处，重新读取并执行该指令。因此指令预取中止异常中断程序应该返回到产生该指令预取中止异常中断的指令处，而不是像前面两种情况下返回到发生中断的指令的下一条指令处。

PC指向第三条指令，还未更新，因此PC的值仍为第二条指令的地址，返回时执行以下代码：

SUBS PC，LR，#4

（5）数据访问中止异常中断处理程序的返回。

这种情况下也要返回发生错误的地址处。但发生中断时，PC指向第三条指令，且已更新，因此返回时执行以下代码：

SUBS PC，LR，#8

2.5 Cortex-A7 存储模式

ARM的体系结构将存储器看成从0x00000000地址开始的按字节编码的线性存储结构，每个字节都有对应的地址编码，ARM的寻址空间可以达到4G。由于数据有不同的字节大小（1字节、2字节、4字节等），导致数据在存储器中存放不是连续的，这样降低了存储系统的效率，甚至引起数据读写错误。因此数据必须按照以下方式对齐：

（1）以字为单位，按4字节对齐，地址最末两位为00。

（2）以半字为单位，按2字节对齐，地址最末一位为0。

（3）以字节为单位，按1字节对齐。

ARM体系结构按照两种方法存储数据，即大端方式和小端方式。

（1）大端方式（Big-Endian）：字节数据的高字节存放在低地址中，而字节数据的低字节则存放在高地址中。

（2）小端方式（Little-Endian）：与大端方式相反，低地址中存放的是字节数据的低字节，高地址存放的是字节数据的高字节。

例如，十六进制数字0x12345678在内存中的两种存储形式如图2-4所示。

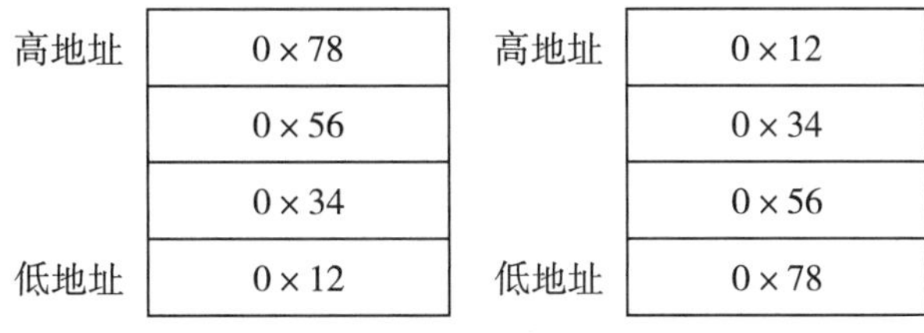

图 2-4　数据 0x12345678 的存储形式

大、小端格式判别参考代码示例：

```
typedef union
{
char  chChar;
short  shShort;
}UnEndian;
//该枚举体的内存分配如下，chChar和shShort的低地址字节重合
//如果是BigEndian则返回true
bool IsBigEndian（ ）
{
UnEndian test;
test. shShort =0x10;
//如果是大端格式，则上面的语句同时把chChar成员赋值为0x10
if（test. chChar==0x10）
{
return true;
}
return false;
}
```

可以通过CP15 register［7］来设置存储模式，复位后该位清零，即默认工作于小端模式。若需要设置为大端模式，则复位后可执行以下指令：

```
MRC   p15, 0, r0, c1, c0      ; r0=CP15 register1
ORR   r0, r0, #0x80           ; r0［7］=1
MCR   p15, 0, r0, c1, c0      ; CP15 register1=r0
```

当系统与外界交互数据时，双方的数据存储模式必须一致。通常情况下，可以

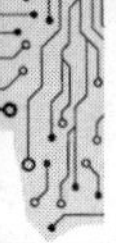

采用默认的小端存储格式。

习题 2

1. 简述ARM的含义。
2. Cortex-A7处理器的工作模式有哪些？
3. 简述ortex-A7处理器的内部寄存器结构，并说明R13、R14、R15的作用。
4. 简述寄存器CPSR各数据位的作用。
5. 简述ortex-A7处理器的异常中断处理流程。
6. 简述ortex-A7处理器的数据存储模式及辨别方法。

第3章　ARM汇编语言

Cortex-A7支持32位的ARM指令集和16位的Thumb指令集。从汇编指令上来看，Thumb指令集是ARM指令集的子集，因此本章主要介绍32位ARM指令集。由于汇编语言知识体系庞大，本章只能讲解最常用的一些指令，满足后续学习即可。

3.1　ARM指令系统分类

3.1.1　ARM指令的分类

ARM指令有两种分类方式。

（1）根据作用分类：包括跳转指令、数据处理指令、程序状态寄存器传输指令、LOAD/STORE指令、协处理器指令和异常中断产生指令。

（2）根据寻址方式分类：包括数据处理指令、内存访问指令。

3.1.2　指令格式

一般指令格式如下：

<opcode> {<cond>} {S}<Rd>，<Rn>，{<operand2>}

其中< >内的项是必需的，{ }内的项是可选的。

opcode：指令助记符，如LDR，STR等。

cond：执行条件，如EQ，NE等。

S：是否影响CPSR寄存器的值，写出时为影响CPSR，否则为不影响。

Rd：目标寄存器。

Rn：第一个操作数的寄存器。

operand2：第二个操作数。

指令格式举例如下：

LDR R0,［R1］　；读取R1地址中的存储器单元内容，执行条件AL（无条件执行）

BEQ DATAEVEN　；跳转指令，执行条件EQ，即相等时跳转到DATAEVEN

ADDS R1, R1, #1　；加法指令，R1+1 => R1，影响CPSR寄存器，带有S

SUBNES R1, R1, #0xD　；条件执行减法运算（NE），R1-0xD => R1，影响CPSR寄存器，带有S

条件码见表3-1。

表 3-1　条件码

条件码助记符	标志	含义
EQ	Z=1	相等
NE	Z=0	不相等
CS/HS	C=1	无符号数大于或等于
CC/LO	C=0	无符号数小于
MI	N=1	负数
PL	N=0	正数
VS	V=1	溢出
VC	V=0	没有溢出
HI	C=1, Z=0	无符号数大于
LS	C=0, Z=1	无符号数小于或等于
GE	N=V	带符号数大于或等于
LT	N！=V	带符号数小于
GT	Z=0, N=V	带符号数大于
LE	Z=1, N！=V	带符号数小于或等于
AL	—	任何无条件执行（指令默认条件）

3.2　ARM 指令寻址方式

（1）**寄存器寻址**：操作数的值在寄存器中，指令中的地址码字段指出的是寄存器编号，指令执行时直接取出寄存器的值进行操作。

MOV R1, R2　　；R2->R1

SUB R0, R1, R2　　；R1-R2 -> R0

（2）**立即寻址**：立即寻址指令中的操作码字段后面的地址码部分就是操作数本

身，也就是说，数据包含在指令当中，取出指令就取出了可以立即使用的操作数。

SUBS R0, R0, #1 ; R0-1 -> R0

MOV R0, #0xff00 ; 0xff00 -> R0

注意，立即数要以#为前缀，表示16进制数时要以0x开头。

（3）**寄存器偏移寻址**：这ARM指令集特有的寻址方式，当第2个操作数是寄存器偏移方式时，其与第1个操作数结合之前要进行移位操作。

MOV R0, R2, LSL #3 ; R2的值左移3位，结果存入R0，即R0 = R2 * 8

ANDS R1, R1, R2, LSL R3 ; R2的值左移R3位，然后和R1相与操作，结果放入R1

寄存器偏移寻址可采用的移位操作如下。

① LSL（Logical Shift Left）：逻辑左移，寄存器中字的低端空出补0。

② LSR（Logical Shift Right）：逻辑右移，寄存器中字的高端空出补0。

③ ASR（Arithmetic Shift Right）：算术右移，移位中保持符号位不变，即如果源操作数为正数，字的高端空出补0，否则补1。

④ ROR（Rotate Right）：循环右移，由字的低端移出的位填入高端空出的位。

⑤ RRX（Rotate Right eXtended by 1 place），操作数右移一位，左侧空位由CPSR的C填充。

（4）**寄存器间接寻址**：该指令中的地址码给出的是一个通用寄存器的编号，所需要的操作数保存在寄存器指定地址的存储单元中，即寄存器为操作数的地址指针。

LDR R1,［R2］ ；将R2中的数值作为地址，取出此地址中的数据保存在R1中

SWP R1, R1,［R2］ ；将R2中的数值作为地址，取出此地址中的数值与R1中的值交换

（5）**基址变址寻址**：将基址寄存器的内容与指令中给出的偏移量相加，形成操作数的有效地址，基址寻址用于访问基址附近的存储单元，常用于查表、数组操作、功能部件寄存器访问等。

LDR R2,［R3, #0x0F］ ；将R3的数值加0x0F作为地址，取出此地址的数值保存在R2中

STR R1,［R0, #-2］! ；将R0中的数值减2作为地址，把R1中的内容保存到此地址位置，并执行R0=R0-2

（6）**多寄存器寻址**：一次可以传送几个寄存器的值，允许一条指令传送16个寄存器的任何子集或所有寄存器。

LDMIA R1!, {R2-R7, R12} ；将R1所指向的地址的数据读出到R2-R7，R12，R1

自动更新

STMIA R0! , {R3–R6, R10} ；将R3–R6，R10中的数值保存到R0指向的地址，R0自动更新

（7）**堆栈寻址**：堆栈是以特定顺序存取的存储区，堆栈寻址时隐含使用一个专门的寄存器（堆栈指针），指向一块存储区域（堆栈），存储器堆栈可分为以下两种。

① 向上生长：向高地址方向生长，称为递增堆栈。

② 向下生长：向低地址方向生长，称为递减堆栈。

如此可结合出以下4种情况：

① 满递增：堆栈通过增大存储器的地址向上增长，堆栈指针指向内含有效数据项的最高地址，指令如LDMFA，STMFA。

② 空递增：堆栈通过增大存储器的地址向上增长，堆栈指针指向堆栈上的第一个空位置，指令如LDMEA，STMEA。

③ 满递减：堆栈通过减小存储器的地址向下增长，堆栈指针指向内含有效数据项的最低地址，指令如LDMFD，STMFD。

④ 空递减：堆栈通过减小存储器的地址向下增长，堆栈指针指向堆栈下的第一个空位置，指令如LDMED，STMED。

STMFD SP! , {R1–R7, LR} ；将R1–R7，LR入栈，满递减堆栈

LDMFD SP! , {R1–R7, LR} ；数据出栈，放入R1–R7，LR寄存器，满递减堆栈

（8）**块拷贝寻址**：用于将一块数据从存储器的某一位置拷贝到另一位置。

STMIA R0! , {R1–R7} ；将R1–R7的数据保存到存储器中，存储器指针在保存第一个值之后增加，方向为向上增长

STMIB R0! , {R1–R7} ；将R1–R7的数据保存到存储器中，存储器指针在保存第一个值之前增加，方向为向上增长

SIMDA R0! , {R1–R7} ；将R1–R7的数据保存到存储器中，存储器指针在保存第一个值之后增加，方向为向下增长

STMDB R0! , {R1–R7} ；将R1–R7的数据保存到存储器中，存储器指针在保存第一个值之前增加，方向为向下增长

不论是向上递增还是向下递增，存储时高编号的寄存器放在高地址的内存；取出时，高地址的内容给编号高的寄存器。

（9）**相对寻址**：这是基址寻址的一种变通，由程序计数器PC提供基准地址，指令中的地址码字段作为偏移量，两者相加后得到的地址即为操作数的有效地址。

```
BL ROUTE1        ; 调用 ROUTE1 子程序
BEQ LOOP         ; 条件跳转到 LOOP 标号处
```

3.3　ARM指令集

ARM指令集主要有跳转指令、数据处理指令、程序状态寄存器处理指令、加载/存储指令、协处理器指令和异常产生指令六大类。

ARM指令集是加载/存储型的，指令的操作数都存储在寄存器中，处理结果直接放入目的寄存器中。采用专门的加载/存储指令来访问系统存储器。

（1）跳转指令。

B 0x1234　　；无条件跳转到绝对地址0x1234处

B FUNC0　　；无条件跳转到标号FUNC0处

BL FUNC1　　；将当前PC值保存到R14中，然后跳转到标号FUNC1处执行

BLX FUNC1　；将当前PC值保存到R14中，然后跳转到标号FUNC1处执行，并切换到Thumb状态

BLX R0　　；将当前PC值保存到R14中，然后跳转到R0中的地址处执行，并切换到Thumb状态

BX R0　　；跳转到R0中的地址处执行，如果R0［0］=1，则切换到Thumb状态

（2）数据处理指令。

MOV R0，#0x01　　；将立即数0x01装入R0

MOV R0，R1　　；将寄存器R1的值传送到R0

MOVS R0，R1，LSL #3　；将寄存器R1的值左移3位后传送到R0，并影响标志位

MOV PC，LR　　；将链接寄存器LR的值传送到PC中，用于子程序返回

MVN R0，#0x0FF　　；将立即数0xFF按位求反后装入R0，操作后R0=0xFFFFFF00

MVN R0，R1　　；将寄存器R1的值按位求反后传送到R0

（3）加载/存储指令。

加载/存储指令主要有：LDR、STR、LDM、STM、SWP。

① LDR/STR：加载/存储字和无符号字节指令。

按照寻址方式的地址计算方法分类，加载/存储指令有以下4种形式。

零偏移：LDR Rd,［Rn］。

前索引偏移：LDR Rd,［Rn, #0x04］!，LDR Rd，［Rn, #-0x04］。Rn不允许为R15。

程序相对偏移：LDR Rd，label。label为程序标号，该形式不能使用后缀!。

后索引偏移：LDR Rd,［Rn］, #0x04。Rn不允许为R15。

指令举例如下：

LDR R2,［R5］　　　；加载R5指定地址上的数据（字），放入R2中

STR R1,［R0, #0x04］；将R1的数据存储到 R0+0x04存储单元，R0的值不变（若有！，则R0就要更新）

LDRB R3,［R2］, #1　；读取R2地址上的一字节数据并保存到R3中，R2=R2+1

STRH R1,［R0, #2］！；将R1的数据保存到R0+2的地址中，只存储低2字节数据，R0 =R0+2

② LDM和STM批量加载/存储指令。

LDM为加载多个寄存器，STM为存储多个寄存器，主要用途是现场保护、数据复制、参数传递等，其模式有8种，前4种用于数据块的传输，后4种用于堆栈操作。

IA：每次传送后地址加4。

IB：每次传送前地址加4。

DA：每次传送后地址减4。

DB：每次传送前地址减4。

FD：满递减堆栈。

ED：空递增堆栈。

FA：满递增堆栈。

EA：空递增堆栈。

批量加载/存储指令举例如下：

LDMIA R0! , {R3–R9}　　；加载R0指向的地址上的多字数据，保存到R3 ~ R9中，R0值更新

STMIA R1! , {R3–49}　　；将R3 ~ R9的数据存储到R1指向的地址上，R1值更新

STMFD SP! , {R0–R7，LR} ；现场保存，将R0~R7、LR入栈

LDMFD SP! , {R0–R7，PC}^；恢复现场，异常处理返回

使用LDM/STM进行数据复制：

LDR R0, =SrcData　　；设置源数据地址，LDR此时作为伪指令，加载地址要加 =

LDR R1, =DstData　　；设置目标地址

LDMIA R0, {R2–R9}　　；加载8字数据到寄存器R2 ~ R9

STMIA R1, {R2–R9}；存储寄存器R2 ~ R9到目标地址上

使用LDM/STM进行现场保护，常用在子程序或异常处理中：

STMFD SP! , {R0–R7，LR} ；寄存器入栈

……

```
BL DELAY                    ；调用DELAY子程序
……
LDMFD SP! , {R0–R7， PC}   ；恢复寄存器，并返回
```

③ SWP寄存器和存储器交换指令。

可使用SWP实现信号量操作：

```
12C_SEM EQU 0x40003000     ；EQU定义一个常量
12C_SEM_WAIT                ；标签
MOV R1, #0
LDR R0, =12C_SEM
SWP R1, R1, ［R0］          ；取出信号量，并设置为0
CMP R1， #0                 ；判断是否有信号
BEQ 12C_SEM_WAIT            ；若没有信号，则等待
```

（4）程序状态寄存器处理指令

```
MRS CPSR, R0                ；R0=CPSR
BIC R0, R0, #xF0000000      ；清N、Z、C、V位
MSR CPSR, R0                ；CPSR=R0
```

（5）异常产生指令。

```
SWI        ；软件中断
BKPT       ；断点
```

（6）协处理器指令。

```
CDP        ；协处理器操作指令
LDC        ；协处理器数据读取指令
STC        ；协处理器数据写入指令
MCR        ；ARM寄存器到协处理器寄存器的数据传送指令
MRC        ；协处理器寄存器到ARM寄存器的数据传送指令
```

3.4　ARM GNU汇编器伪指令

目前常用的ARM编译环境有以下两种。

（1）ARMASM：ARM公司的IDE中使用了CodeWarrior编译器，完全采用ARM的规定。

（2）GNU ARMASM：GNU工具的ARM版本，与ARMASM略有不同。

ARM汇编语言源程序语句，一般由指令、伪操作、宏指令和伪指令组成。ARM

汇编语言的设计基础是汇编伪指令、汇编伪操作和宏指令。

本书使用GNU ARMASM进行ARM汇编语言程序的开发。

3.4.1 ARM GNU编译工具包

在Linux环境下搭建好编译环境，安装好GNU ARM编译工具，具体如下：

arm-linux-gnueabihf-gcc（编译器）

arm-linux-gnueabihf-ld（连接器）

arm-linux-gnueabihf-objcopy（二进制转换工具）

arm-linux-gnueabihf-objdump（反汇编工具）

具体搭建步骤见第4章。

3.4.2 ARM GNU汇编命令格式

GNU汇编命令是用于指示编译器操作方式的伪指令，所有伪指令名称都以“.”为前缀，随后的命令名称要求使用小写字母。

ARM GNU汇编命令格式如下：

label：instruction or directive or pseudo-instruction @comment

（1）label：标号字段。Linux ARM 汇编语言中，任何以冒号结尾的标识符都被认为是一个标号。

（2）instruction or directive or pseudo-instruction：指令或伪指令字段，由上一节介绍的ARM汇编指令或者用于GNU编译器编译过程的伪指令构成。

（3）@comment：注释字段。“@”后面的所有字符在编译过程中均被认为是注释标识符，不参与编译过程。可以使用“@”或C语言风格的注释（/*……*/）来代替分号“；”。

3.4.3 ARM GNU专有符号

编写汇编语言程序时需要注意，ARM GNU定义了自己的专有符号：

“：”	用于定义标号
“@”	当前位置到行尾为注释字符
“#”	行注释字符
“；”	新行分隔符
“#”或“$”	直接操作数前缀
“.arm”	以ARM格式编译，同code32
“.thumb”	以Thumb格式编译，同code16
“.code16”	以Thumb格式编译

“.code32”　　以ARM格式编译

3.4.4　ARM GNU常用伪指令

伪指令是编译器支持的指令，不是硬件芯片MCU、MPU等支持的指令。编译器在编译时，会把伪指令转化为对应的芯片支持的指令。

伪指令集包括伪操作和伪指令。

3.4.4.1　伪操作

（1）数据定义（Data Definition）伪操作。数据定义伪操作一般用于为特定的数据分配存储单元，同时可完成已分配存储单元的初始化。

常见的数据定义伪操作有如下几种：

.byte　　单字节定义，如.byte　0x12，‘a’，23

.short　　定义2字节数据，如.short　0x1234，65535

.long/.word　　定义4字节数据，如.word　0x12345678

.quad　　定义8字节数据，如.quad　0x1234567812345678

.float　　定义浮点数，如.float　0f3.2

.string/.asciz/.ascii　　定义字符串，如.ascii　“abcd\0”

.zero　.zreo size　　用0填充size个字节的内存单元

.space　.space size{，value}　　用value填充size个字节的内存单元（value默认为0）

注意：

① ascii伪操作定义的字符串需要每行添加结尾字符“\0”，其他不需要。

② 标号是地址的助记符，标号不占用存储空间。

（2）汇编控制伪操作。汇编控制伪操作用于控制汇编程序的执行流程。

① .if、.else、.endif：类似于C语言中的条件编译，能根据条件的成立与否决定是否执行某个指令序列。

当.if后面的逻辑表达式为真时，执行.if后的指令序列，否则执行.else后的指令序列，例如：

```
.if logical-expressing
  ……
.else
  ……
.endif
```

② .macro、.exitm、.endm：类似于C语言中的宏函数。

macro伪操作可以将一段代码定义为一个整体，称为宏指令。在程序中通过宏指令可多次调用该段代码。

语法格式如下：

.macro {$label} 名字{$parameter{，$parameter}…}

……

.endm

其中，$标号在宏指令被展开时，会被替换为用户定义的符号。使用.exitm伪指令来退出宏。宏操作可以使用一个或多个参数，当宏操作被展开时，这些参数被会相应的值替换。

（3）杂项伪操作：

.arm 定义一下代码使用ARM指令集编译

.thumb 定义一下代码使用Thumb指令集编译

.section expr 定义一个段，expr可以是.text、.data.、.bss

.text .text {subsection} 将定义符开始的代码编译到代码段

.data .data {subsection} 将定义符开始的代码编译到数据段，初始化数据段

.bss .bss {subsection} 将变量存放到 .bss段，未初始化数据段

.align .align{alignment}{，fill}{，max} 通过用零或指定的数据进行填充来使当前位置与指定边界对齐

.align 4 16字节，即2的4次方

.align （4） 4字节

.org offset{，expr} 指定从当前地址加上offset开始存放代码，并且从当前地址到当前地址加上offset之间的内存单元，用零或指定的数据进行填充

_start 汇编程序的缺省入口是_start标号，用户也可以在连接脚本文件中用ENTRY标志指明其他入口点

.global/ .globl用来声明一个全局的符号

.end 文件结束

.include .include “filename”包含指定的头文件，可以把一个汇编常量定义放在头文件中

.equ .equ symbol，expression把某一个符号（symbol）定义成某一个值（expression），该指令并不分配空间（类似于C语言中的 #define）

#define PI 3.1415 = .equ PI，3.1415

.extern .extern symbol 声明symbol为一个外部变量

3.4.4.2 伪指令

伪指令在编译时会转化为对应的ARM指令。

（1）ADR伪指令：把标签所在的地址加载到寄存器中。

ADR伪指令为小范围地址读取伪指令，使用相对偏移。

范围：当地址值是字节对齐（8位）时，取值范围为-255 ~ 255，当地址值是字对齐（32位）时，取值范围为-1020 ~ 1020。

语法格式如下：

ADR{cond} register，label

ADR R0，lable

（2）ADRL伪指令：将中等范围地址读取到寄存器中。

ADRL伪指令为中等范围地址读取伪指令，使用相对偏移。

范围如下：当地址值是字节对齐时，取值范围为-64 ~ 64KB；当地址值是字对齐时，取值范围为-256 ~ 256KB。

语法格式如下：

ADRL{cond} register，label

ADRL R0，lable

（3）LDR伪指令：LDR伪指令装载一个32位的常数和一个地址到寄存器。

语法格式如下：

LDR{cond} register, =［expr|label-expr］

LDR R0, =0XFFFF0000

注意：

① LDR伪指令和LDR指令区分：

LDR r1, =val @ r1 = val 是伪指令

LDR r2, val @ r1 = *val 是ARM指令

.val

.word 0x11223344

② 用LDR伪指令实现长跳转：

LDR pc, =32位地址

3.4.5 lds文件

GNU通过连接脚本文件（lds文件）了解用户所定义的段结构及其链接地址。

示例：

```
SECTIONS              /*声明段*/
{  . = 0x23E00000;    /*定义段首链接地址*/
.text: {              /*首先定义代码段链接位置*/
    start.o           /*代码段首先链接start.o文件*/
    *（.text）}        /* start.S文件中必须定义start标号*/
```

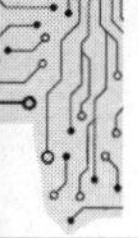


```
.bss: {                    /*定义bss段链接位置，跟在text段之后*/
    * ( .bss ) }
.data: {                   /*定义data段链接位置，跟在bss段之后*/
    * ( .data ) }
    }
```

3.4.6 Makefile文件

如果要编译多个文件，则需要编写Makefile文件。Makefile实际上是一个自动化编译的脚本文件，GNU规定了Makefile文件书写过程的语法规则。依照这个规则，可以指定文件编译过程依赖的规则，我们需要自行编写Makefile文件。

有了Makefile文件后，通过执行make命令完成编译，make命令通过解析和执行Makefile完成编译。

3.5 汇编语言程序设计

3.5.1 实例1：输出hello world

（1）helloworld.S：

```
.data
    msg:    .asciz   "hello, world\n"
.text
    .align 2
    .global _start
_start:
    ldr     r1, =msg        @ address
    mov     r0, #1          @ stdout
    mov     r2, #13         @ length
    swi     #0x900004       @ sys_write
    mov     r0, #0
    swi     #0x900001       @ sys_exit
    .align  2
```

（2）Makefile：

```
all:
```

arm–linux–as helloworld.S –o helloworld.o

arm–linux–ld helloworld.o –o helloworld

将可执行文件helloworld下载到linux arm开发板中，运行时就输出hello world。

注意：实例中用SWI指令来进行软中断，陷入内核态来实现系统调用。

3.5.2 实例2：蜂鸣器

蜂鸣器例子的源文件有：beep.S、Makefile、start.S、beep.lds。

（1）start.S：

```
.text
.global _start
_start:
    ldr     r3, =0x53000000   @ WATCHDOG寄存器地址
    mov     r4, #0x0
    str     r4, [r3]          @ 写入0，禁止WATCHDOG，否则CPU会不断重启
    ldr     sp, =1024*2       @ 设置堆栈，注意不能大于4K，因为现在可用的内存
                                只有4K
@ nand Flash中的代码在复位后会移到内部RAM中，此RAM只有4K
    bl      _main             @ 跳转到main函数
halt_loop:
    b       halt_loop
```

（2）beep.S

```
.equ    GPBCON,     0x56000010
.equ    GPBDAT,     0x56000014
.global_main
_main:
   ldr r0, =GPBCON
   ldr r1, =0x1
   str r1, [r0]
loop:
   ldr r2, =GPBDAT
   ldr r1, =0x1
   str r1, [r2]
   bl delay
   ldr r2, =GPBDAT
```

```
    ldr r1, =0x0
    str r1, [r2]
    bl delay
    b loop
delay:
        ldr r3, =0x4ffffff
delay1:
        sub r3, r3, #1
        cmp r3, #0x0
        bne delay1
        mov pc, lr
.end
```

（3）beep.lds

```
OUTPUT_FORMAT("elf32-littlearm", "elf32-littlearm", "elf32-littlearm")
OUTPUT_ARCH(arm)
ENTRY(_start)
SECTIONS{
        . = 0x33000000;
        .text: {
        * (.text)
        * (.rodata)
    }

.data ALIGN(4): {
        * (.data)
    }
.bss ALIGN(4): {
        * (.bss)
    }
}
```

（4）Makefile:

```
CROSS = arm-linux-
CFLAGS = -nostdlib
```

```
beep.bin：start.S beep.S
	${CROSS}gcc $（CFLAGS） –c –o start.o start.S
	${CROSS}gcc $（CFLAGS） –c –o beep.o beep.S
	${CROSS}ld –Tbeep.lds start.o beep.o –o beep.elf
	${CROSS}objcopy –O binary –S beep.elf beep.bin
	rm –f *.o

clean:
	rm –f *.elf *.o
	rm –f beep.bin
```

编译后将beep.bin文件烧写到DRAM中，就可以听到声音了。

注意：elf是一种可执行文件格式，这种格式可以在有操作系统的情况下直接运行，但是对于裸机的情况，必须对elf文件做objcopy处理才能运行。

3.6　C语言与汇编语言的混合编程

在需要C语言与汇编语言混合编程时，可使用直接内存汇编的方法混合编程，或者将汇编文件以文件的形式加入项目中。

3.6.1　内嵌汇编

内嵌汇编的语法如下：

```
__asm
{
	指令［;指令］	/*注释*/
	……
	［指令］
}
```

应用举例：

```
__inline void enable_IRQ（void）
{
	int temp
	__asm				//嵌入汇编代码
	{
```

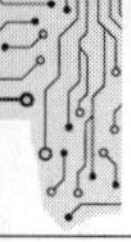


```
        MRS tmp, CPSR           //读取CPSR的值
        BIC tmp, tmp, #0x80     //IRQ中断禁止位I清零，即允许中断
        MSR CPSR, tmp           //设置CPSR的值
        }
}
```

ARM编译器特定的关键词如下：

__asm：告诉编译器下面的代码是用汇编语言编写的

__inline：声明该函数在其被调用的地方展开

__irq：声明该函数可以被用作irq或者fiq异常的中断处理程序

__pure：声明一个函数，其结果仅仅依赖于其输入参数，而且它没有负效应

__int64：是long long 的同义词

__volatile：告诉编译器该对象可能在程序之外被修改

__weak：用于限定一个对象，该对象如果在连接时不存在，不会报错

内嵌汇编语言的指令用法如下：

（1）不能直接向PC寄存器赋值，程序跳转只能使用B或BL指令实现，但是只有B可以使用C程序中的标号，BL不能。

（2）在内嵌汇编指令中，常量前面的 # 可以省略。

（3）所有的内存分配均由C编译器完成，内嵌汇编器不支持内嵌汇编程序用于内存分配的伪指令。

内嵌汇编器与ARM汇编器的主要差异如下：

（1）内嵌汇编器不支持通过.指示符或PC获取当前指令地址，不支持LDR Rn, ＝expr伪指令。

（2）使用Mov Rn，expr指令向寄存器赋值，不支持标号表达式，不支持ADR和ADRL，不能向PC赋值。

3.6.2　C语言与汇编语言相互调用

根据AAPCS（ARM Application Procedure Call Standard）对ARM函数调用部分的定义，得到以下规则：

（1）寄存器的使用规则：子程序间通过寄存器R0～R3来传递参数；使用R4～R11来保存局部变量；R12寄存器在某些版本的编译器下另有它用，用户一般不用；R13用作堆栈指针SP；R14作为链接寄存器，记作LR；R15是程序计数器，记作PC。

（2）子程序参数传递规则：当寄存器不超过4个时，使用 R0～R3来传递参数；当超过4个时，可以使用堆栈来传递参数，入栈的顺序与参数顺序相反，即最后一个字数据先入栈。

（3）子程序结果返回规则：结果为一个32位的整数时，可以通过寄存器R0返回，如果为64位，通过R0和R1返回，对于位数更多的结果，需要通过内存来传递。

3.6.2.1　C语言程序调用汇编语言程序

在汇编语言程序中使用 EXPORT 伪指令声明本子程序，使其他程序可以调用子程序，在C语言程序中使用extern关键字声明外部函数（声明要调用的汇编语言子程序），即可调用此汇编语言子程序。

C语言程序调用汇编语言程序示例如下。

（1）被调用的汇编语言子程序代码：

```
.section .text
.type a_add @function
.globl strcopy
strcopy
    ; R0为目标字符串的地址
    ; R1为源字符串的地址
    ldrb r2, ［r1］, #1    ; 读取字节数据，源地址加1
    strb r2, ［r0］, #1    ; 保存读取的1字节数据，目标地址加1
    cmp r2, #0             ; 判断字符串是否复制完毕
    bne strcopy            ; 没有复制完毕，继续循环
    mov pc, lr             ; 返回
    end
```

（2）调用汇编语言子程序的C函数：

```
#include <stdio.h>
extern void strcopy（char *d, const char *s）    //声明外部函数，即汇编语言子程序
int main（void）
{
const char *strcstr = "First String-source";     //定义字符串常量
char dststr［］ = "Second string-destination";   //定义字符串变量
printf（"Before copying: /n"）;
printf（"%s/n %s/n", srcstr, dststr）;          //显示源字符串和目标字符串的内容
strcopy（dststr, srcstr）;
printf（"After copying: /n"）;
printf（"%s/n %s/n", srcstr, dststr）;          //显示复制后的结果
return 0;
}
```

3.6.2.2 汇编语言程序调用C语言程序

C语言函数代码如下：

```
int sum5 ( int a, int b, int c, int d, int e )
{
    return a+b+c+d+e;        //返回5个变量的和
}
```

汇编语言程序调用C语言程序：

```
.section .text
.globl _start
.extern sum5
_start:
    stmfd sp! , {lr}      ; LR寄存器入栈
    mov r0, #0x05
    stmfd sp! , {r0}      @设置函数第五个参数
    mov r0, #0x01         @设置函数第一个参数
    mov r1, #0x02         @设置函数第二个参数
    mov r2, #0x03         @设置函数第三个参数
    mov r3, #0x04         @设置函数第四个参数
    bl sum5               ; 调用sum5 ( )，结果保存在R0中
    ldmfd sp! , {pc}      ; 子程序返回
    end
```

3.7 程序的编译和运行

交叉编译器的安装和使用详见第4章4.5节，这里先给出本章程序的编译和运行的概略操作步骤。假设要编译的源程序文件名是test.s，编译生成的中间文件名称都是test.*，最后的可执行文件名是test.bin。在运行本章程序的时候，只需将上述文件名中的test修改成当前程序名，并保证处于当前程序所在目录下即可。

vim Makefile

输入内容如下：

```
test.bin: test.s
arm-linux-gnueabihf-gcc -g -c test.s -o led.o
arm-linux-gnueabihf-ld -Ttext 0X87800000 test.o -o test.elf
```

```
arm-linux-gnueabihf-objcopy -O binary -S -g test.elf test.bin
arm-linux-gnueabihf-objdump -D test.elf > test.dis
clean
 rm -rf *.o test.bin test.elf test.dis
```

执行make命令完成编译。

执行make clean命令清理工程文件。

然后将SD卡插入电脑，执行下述命令将test.bin烧写进SD卡：

```
./imxdownload  test.bin /dev/sdd
```

再将SD卡插到开发板的SD卡槽中，然后设置拨码开关为 SD 卡启动，设置好以后按一下开发板的复位键，正常的话代码会在开发板中运行起来。

习题 3

1. ARM汇编指令有哪些字段？哪些是必要字段？哪些是可选字段？请解释各个字段的含义。

2. 举例说明ARM汇编指令的寻址方式。

3. 解释以下指令的含义，并指明所用的寻址方式：

（1）MOV R0，#0X0F0F；

（2）SUB R1，R1，#5

（3）LDR R0，R1；

（4）MOV R2，R0，ROR，#4；

（5）LDR R0，［R1，#0X0003］；

（6）STMDB R1！，{R3-R8，R12}；

4. 举例说明ARM汇编指令集的指令类型。

5. 解释以下指令的含义：

（1）B label；

（2）BLX function0；

（3）MOVS R0，R1，LSR，#4；

（4）STMIA R1！，{R3-49}；

（5）STMFD SP！，{R0-R7，LR}；

（6）BIC R0，R0，#xF0000000；

6. 简述Linux系统下编译环境的搭建过程。

7. 尝试运行“实例2：蜂鸣器”，并修改蜂鸣器的频率。

第4章　嵌入式Linux开发环境搭建

Linux内核最初由芬兰人李纳斯·托瓦兹（Linus Torvalds）在赫尔辛基大学上学时出于个人爱好而编写，于1991年10月5日首次发布。

现在Linux已经成为一套免费使用和自由传播的类Unix操作系统，是一种基于Posix和Unix的多用户、多任务、支持多线程和多CPU的操作系统。它支持广泛的计算机硬件，包括x86、Alpha、Sparc、MIPS、PPC、ARM、NEC、Motorola等现有的大部分芯片。

Linux的程序源码全部公开，标准Linux内核功能十分强大，但对于针对特定应用并且资源受限的嵌入式系统来说过于庞大。由于Linux内核代码高度模块化，内核的许多功能和成分都可以通过条件编译加以取舍和裁剪，有些成分还可以独立编译成可以动态安装的“可安装模块”。因此，任何人都可以根据自己的需要裁剪内核，以适应自己的系统。

Linux发行版主要有：Ubuntu、Debian、Fedora、 CentOS、红旗Linux等。

嵌入式Linux（Embeded Linux）是指Linux内核经过小型化裁剪后，能够固化在容量较小的存储器芯片或单片机中，应用于特定嵌入式场合的小型专用Linux操作系统。

4.1　Linux内核的组成和文件结构

嵌入式系统最上层是应用程序，运行于操作系统之上；操作系统的核心就是内核，所有硬件操作都要经过内核，内核的主要功能是实现资源抽象化并提供操作接口。Linux内核上面一层是系统调用接口，应用程序通过系统调用接口调用内核的功能，实现特定服务，如创建进程等。

系统调用运行在内核态，应用程序运行在用户态。

4.1.1 Linux内核功能

Linux内核按功能划分为5个部分：内存管理、进程管理、网络管理、设备管理和文件系统。

（1）内存管理。内存管理模块用于确保所有进程能够安全地共享机器主内存区，同时内存管理模块还支持虚拟内存，将暂时不用的内存数据块交换到外部存储设备上去，当需要时再交换回来，这样使得Linux的进程可以使用比实际内存空间更多的内存容量。内存管理从逻辑上可分为硬件相关部分和硬件无关部分。硬件相关部分为内存管理硬件提供了虚拟接口，硬件无关部分提供了进程的映射和逻辑内存的对换。

（2）进程管理。进程管理模块负责创建和销毁进程，并且采用合适的调度策略对进程进行调度，控制进程对CPU的访问，使得各个进程能够公平合理地访问CPU，同时保证内核能够及时地执行硬件操作。除此之外，进程管理还支持进程间的各种通信机制。

（3）网络管理。网络管理功能提供了对各种网络标准协议的存取和对各种网络硬件的支持。其可分为网络协议和网络驱动程序两部分。网络协议部分负责实现每一种可能的网络传输协议；网络驱动程序负责与硬件设备进行通信，每一种可能的硬件设备都有相应的设备驱动程序。

（4）设备管理。几乎每一个系统操作最终都会映射到物理设备上，所有设备控制操作都由与被控制相关的代码即驱动程序来完成。内核为系统中的每个外设嵌入相应的驱动程序，如Flash、串口、键盘、液晶屏、声音设备等。设备驱动编程是本书的重点内容。

（5）文件系统。在Linux操作系统中，一切皆为文件。文件系统管理模块用于管理挂接在系统上的文件系统及文件。Linux虚拟文件系统VFS（Virtual File System）通过向所有外部存储设备提供一个通用的文件接口，隐藏了各种硬件设备的不同细节，从而提供并支持多达数十种不同的文件系统。典型的文件系统有ext3、ext4、jffs2、yaffs、ramdisk、ntfs、romfs、nfs等。

4.1.2 Linux内核源码目录结构

arch：与体系结构相关的代码，对于每个架构的CPU，arch目录下有一个对应的子目录，如arch/i386、arch/arm等。

block：与块设备相关的通用函数。

crypo：加密和散列算法。

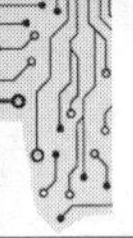

drivers：所有设备的驱动程序，其中的每一个子目录对应一类驱动程序。

fs：Linux内核所支持的文件系统。

include：内核头文件，包括基本的头文件（在include/linux/下），各种驱动或功能部件的头文件，以及各种体系相关的头文件。

init：内核的初始化代码，其下的main.c是内核引导后的第一个函数。

ipc：进程间通信的代码。

kernel：内核管理的核心代码，与处理器相关的核心代码在arch/arm/kernel/下。

lib：内核用到的一些库函数代码，与处理器相关的库函数代码在arch/arm/lib/下。

mm：内存管理代码，与处理器相关的内存管理代码在arch/arm/mm/下。

net：网络支持代码，每个子目录代表网络的一个方面。

security：安全，与密钥相关的代码。

sound：音频设备的驱动程序。

usr：实现用于打包和压缩的cpio等，这个文件夹中的代码在内核编译完成后创建这些文件。

documentation：内核文档。

scripts：用于配置、编译内核的脚本文件。

4.2 交叉编译环境的搭建

交叉编译的任务是在一个平台上生成可以在另一个平台上执行的程序代码。不同的CPU需要有不同的编译器，交叉编译如同翻译一样，它可以把相同的程序代码翻译成不同的CPU对应语言。

嵌入式开发环境多采用“宿主机＋目标机”的组合方式。

宿主机：指计算机，运行Windows10 64位操作系统，基于x86架构的Intel-i5处理器，VMware15虚拟机＋Ubuntu16 64位。

目标机：正点原子Alpha开发板，处理器为基于Cortex-A7内核架构的i.MX 6U，嵌入式Linux操作系统。

Linux开发环境的安装步骤如下：

（1）安装超级终端软件，如厂家提供的hyperterminal等。

（2）安装OTG 烧写工具，如厂家提供的Mfgtools烧写工具。

（3）下载安装VMware，建议尽量采用开发板官方推荐的版本。安装过程中会出现产品检查更新选项，建议取消选中，如图4-1所示。

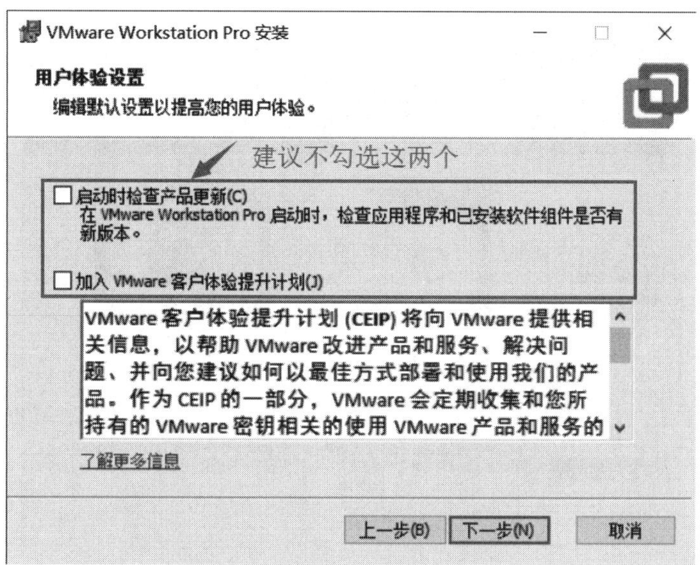

图 4–1　VMware 检查更新选项

（4）加载Ubuntu镜像。

选中虚拟机设置对话框中的“CD/ DVD（SATA）”选项，然后在右侧选中“使用 ISO 镜像文件”，添加刚刚下载的Ubuntu系统镜像，点击“浏览”按钮，选择Ubuntu 系统镜像，如图4–2所示。

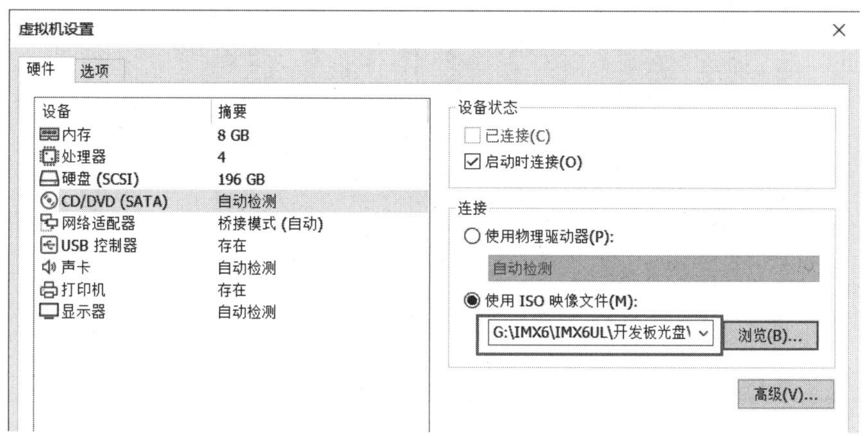

图 4–2　使用 ISO 镜像文件

设置好以后点击“确定”按钮退出，打开虚拟机，就会自动安装Ubuntu 系统，安装界面如图4–3所示。

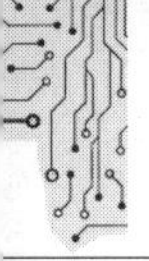

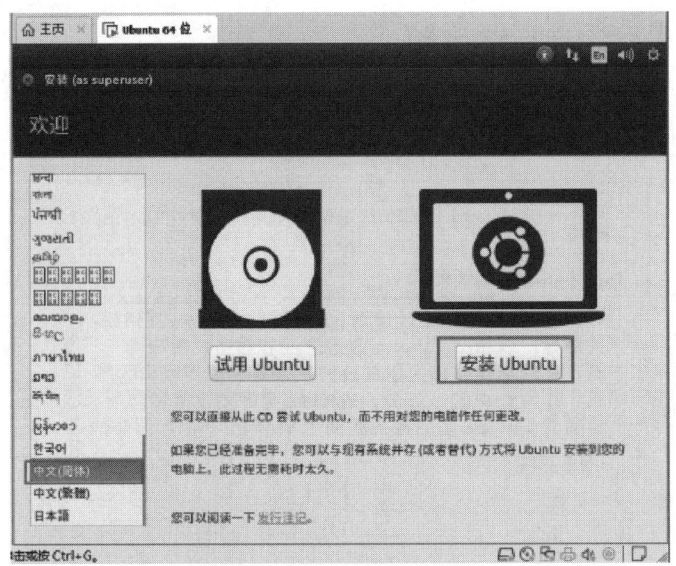

图 4-3　Ubuntu 安装界面

安装好后，Ubuntu启动界面如图4-4所示。

图 4-4　Ubuntu 启动界面

（5）开启NFS。

NFS指网络文件系统（Network File System），能让使用者访问网络上别处的文件就像在使用自己计算机上的文件一样。进行嵌入式Linux开发的时候，需要宿主机与目标机之间的文件传递采用NFS。

在Ubuntu中使用如下命令安装NFS 服务：

```
sudo apt-get install nfs-kernel-server rpcbind
```

等待安装完成，完成后需要创建一个文件夹，以后所有的文件都放到这个文件夹里面，供NFS服务器使用。比如可以在根目录下创建一个名为“NFS”的文件夹等。

以后可以在开发板上通过网络文件系统访问NFS文件夹，这需要先对NFS进行配置。使用如下命令打开NFS配置文件/etc/exports：

sudo vi /etc/exports

打开/etc/exports 以后，在后面添加如下内容：

/home/linux/nfs*（rw, sync, no_root_squash）

然后重启NFS 服务，使用命令如下：

sudo /etc/init.d/nfs-kernel-server restart

（6）开启SSH 服务。

开启Ubuntu 的SSH 服务后，我们就可以在Windows操作系统下使用终端软件登陆Ubuntu。使用如下命令开启SSH 服务：

sudo apt-get install openssh-server

上述命令用于安装SSH服务，SSH的配置文件为/etc/ssh/sshd_config，使用默认配置即可。

（7）Ubuntu和Windows之间的文件互传。

然后开发过程中会频繁地在Windows和Ubuntu下进行文件传输，比如在Windwos下进行代码编写，然后将编写好的代码传到Ubuntu下进行编译。Windows 和Ubuntu 下的文件互传可以使用FTP 服务，设置方法如下。

打开Ubuntu 的终端窗口，然后执行如下命令来安装FTP 服务：

sudo apt-get install vsftpd

等待软件自动安装，安装完成后使用如下命令：

sudo vi /etc/vsftpd.conf

打开vsftpd.conf文件后添加如下两行代码：

local_enable=YES

write_enable=YES

确保上面两行前面没有“#”，有的话就取消掉。

修改完vsftpd.conf 后保存退出，使用重启FTP 服务：

sudo /etc/init.d/vsftpd restart

4.3 Linux 环境下的操作

4.3.1 Linux的常用操作命令

4.3.1.1 帮助命令

help command是较详细的帮助，man command是最详细的帮助。

4.3.1.2 mkdir

格式：mkdir 目录名

功能：mkdir命令是用来创建目录的。

4.3.1.3 rm

格式：rm –rf 目录名/文件名

功能：r将目录与其子目录一起删除，f 为强制删除。

4.3.1.4 cd

格式：cd 目录名

功能：改变当前目录，..表示回到父目录，. 表示当前目录。

4.3.1.5 ls

格式：ls 目录名

功能：查看目录里面所拥有的子目录与文件。

4.3.1.6 cp

格式：cp –r 源目录名/文件名 目标目录名/文件名

功能：复制文件，带r表示将其子目录一起复制。

4.3.1.7 mv

格式：mv 源目录名/文件名 目标目录名/文件名

功能：用来移动文件。

4.3.1.8 touch

格式：touch test1 test2 test3

功能：用于创建文件，可以同一时间创建多个文件。

4.3.1.9 chmod

功能：改变文件或目录的访问权限。

一个文件通常有三种权限：读（r）、写（w）和执行（x）。三种权限可以使用3位二进制数来表示，一种权限对应一个二进制位，该位为1表示具备此权限，该位为0表示不具备此权限。一个文件的权限组合共有8种，对应的八进制数字为0～7，如表

4–1所示。

表 4–1　文件的权限组合

字母	二进制数	八进制数
---	000	0
--x	001	1
-w-	010	2
-wx	011	3
r--	100	4
r-x	101	5
rw-	110	6
rwx	111	7

另外，Linux系统中一个文件对不同的用户可以赋予不同的权限。共有三种用户分类，即文件或目录的所有者（u），同组（group）用户（g），其他（others）用户（o）。

示例：chmod 751 file

意即给file的所有者分配读、写、执行（7）的权限，给file的所在组分配读、执行（5）的权限，给其他用户分配执行（1）的权限。

4.3.1.10　lsmod

Linux系统中的驱动有两种形式。一种是加载到内核中的，另一种是以模块化的形式出现的。lsmod命令用来列出计算机里的驱动模块。

4.3.1.11　pwd

格式：pwd

功能：显示当前所在的路径。

4.3.1.12　tab键

功能：当你对命令记不全时，可以输入一部分再按一下tab键进行补全。

4.3.1.13　sudo与su

sudo的英文全称是 super user do，即以超级用户的方式执行命令，超级用户指的就是root用户。在Linux系统中有时会遇到permission denied的情况，如以Ubuntu用户的身份查看/etc/shadow的内容，因为它是只有root用户才能查看的，这个时候就可以使用sudo命令。

su表示switch user，表示切换到另一个用户。其用法是：

su <user_name>或者su – <user_name>

使用su切换到root账户，需提供root账户的密码；使用sudo su，则只需提供当前用户的密码就可以切换到root用户。

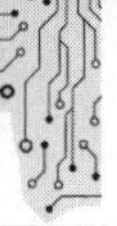

4.3.1.14 压缩与解压命令tar

用法：tar［OPTION...］［FILE］

常用选项如下：

（1）不可同时使用的参数。

-c：建立一个压缩文件的参数指令（即create）。

-x：解开一个压缩文件的参数指令。

-t：查看 tarfile 里面的文件。

-r：向压缩归档文件末尾追加文件。

-u：更新原压缩包中的文件。

（2）可同时使用的可选参数。

-z：有gzip属性，即需要用 gzip 压缩。

-j：有bz2属性，即需要用 bzip2 压缩。

-Z：有compress属性的。

-v ：压缩的过程中显示所有过程。

-O：将文件解压到标准输出。

-f ：使用文档名，在 f 之后要立即接文档名，不能再加别的参数。例如：

```
tar - cvf jpg.tar *.jpg    //将目录里所有的jpg文件打包成tar.jpg
tar -jxvf file.tar.bz2     //解压tar.bz2文件包
```

4.3.2 文本编辑器vim的使用

VIM是从VI发展出来的一个种本编辑器，是一款开放源代码的自由软件。其代码在补完、编译及错误跳转等方便的编程功能非常丰富，在Linux程序员中被广泛使用。

VIM的第一个版本由布莱姆·米勒（Bram Moolenaar）于1991年发布。最初的简称是ViIMitation，随着功能的不断增加，后来正式名称改成了 ViIMproved。

打开虚拟机，进入ubutun，在终端中输入“vim＋文档名”后按回车键就能够进入VIM的一般模式了，如vim test.c，编辑界面如图4-5所示。

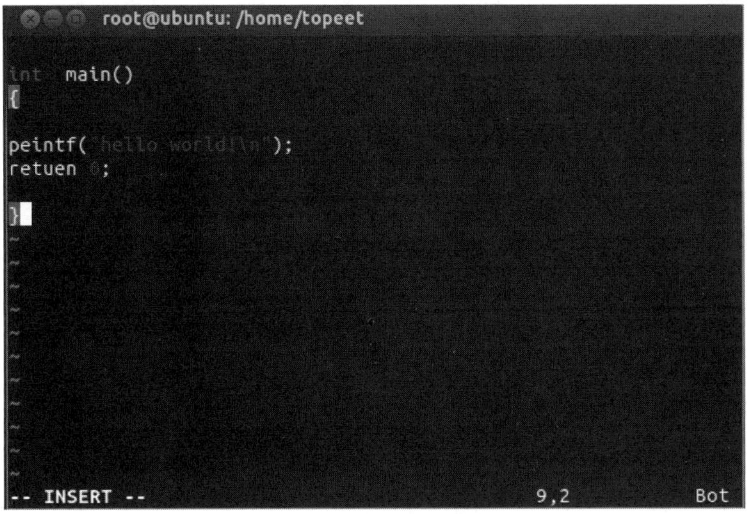

```
root@ubuntu: /home/topeet

int  main()
{

peintf("hello world!\n");
retuen 0;

}

-- INSERT --                                9,2          Bot
```

图 4-5　vim 编辑界面

VIM文本编辑环境有三种模式，分别为命令模式、编辑模式和底行模式，进入VIM文本编辑环境后默认为命令模式。命令模式和编辑模式、命令模式和底行模式可以相互转换，底行模式和编辑模式不能相互转换。

（1）**命令模式：**在命令模式中，使用【上】【下】【左】【右】按键来移动游标，使用【删除字符】或【删除整行】来处理文档内容，也可以使用【复制】【粘贴】来处理文件资料，但不能从键盘输入字符添加到文件中。表4-2列出了命令模式下一些常用按键的功能。

表 4-2　命令模式下一些常用按键的功能

进入编辑模式不同按键对应的不同功能	
x，X	在一行字当中，x为向后删除一个字元（相当于［del］按键），X为向前删除一个字元（相当于［backspace］按键）
dd	删除游标所在的那一整行
ndd	n为数字，删除游标所在的向下n行
yy	复制游标所在的那一行
nyy	n为数字，复制游标所在的向下n行
p，P	p为将已复制的资料在游标下一行粘贴上，P则为粘贴在游标上一行
J	将游标所在行与下一行的资料结合成同一行
u	复原前一个动作
［Ctrl］+r	重做上一个动作
i，I	进入编辑模式（Insert mode）： i为从目前游标所在处插入，I为在目前所在行的第一个非空白字符处开始插入

续表 4-2

进入编辑模式不同按键对应的不同功能	
a，A	进入编辑模式（Insert mode）： a为从目前游标所在的下一个字符处开始插入，A为从游标所在行的最后一个字符处开始插入
o，O	进入编辑模式（Insert mode）： o 为在目前游标所在的下一行处插入新的一行，O为在目前游标所在处的上一行插入新的一行

（2）**编辑模式：**在命令模式下，按下“i, I, o, O, a, A, r, R”中任何一个字母后就会进入编辑模式。通常在 Linux 系统中，按下这些按键时，在界面的左下方会出现Insert字样，此时才可以进行编辑。按Esc按键则返回到命令模式。表4–3列出了编辑模式常用按键功能。

表 4–3　编辑模式常用按键功能

进入编辑模式不同按键对应的不同功能如下	
Back Space	退格键，删除光标前一个字符
Del	删除键，删除光标后一个字符
Insert	切换光标为输入/替换模式，光标将变成竖线/下划线
Home/End	移动光标到行首/行尾
Page Up/Page Down	上/下翻页
Esc	退出输入模式，切换到命令模式

（3）**底行模式：**在命令模式中，输入“: / ?”三个符号中的任何一个，就进入底行模式，游标移动到最底下那一行。在该模式下， 可以输入命令，还可以进行读取、保存、离开VIM、显示行号等动作。表4–4列出了底行模式下的常用的命令。

表 4–4　底行模式下的常用命令

进入编辑模式不同按键对应的不同功能	
: q	不存盘退出VIM
: q!	不存盘强制退出VIM
: w filename	将文件以指定的文件名filename保存
: wq	存盘并退出VIM
: wq!	存盘并强制退出VIM
: sp	水平分屏
: vsp	垂直分屏

4.4 Linux C 编程入门

本节介绍如何在Ubuntu下使用VIM进行C语言的编辑，使用GCC进行编译，以及Makefile的基本使用方法。通过学习本节内容可以掌握Linux系统下进行C语言编程的基本方法，为以后的 ARM 裸机和Linux 驱动编程学习做准备。

4.4.1 编译器GCC

Linux系统下的GCC（GNU C Compiler）是GNU推出的功能强大、性能优越的多平台编译器，是GNU的代表作品之一。

GCC编译器能将C/C++语言源程序、汇编语言编程序和目标程序编译、连接成可执行文件，如果没有给出可执行文件的名字，GCC将生成一个名为a.out的文件。

使用GCC由C语言源代码文件生成可执行文件要经历4个相互关联的步骤。

（1）**预处理**（Preprocessing，也称预编译）。在预处理过程中，对源代码文件中的文件包含（include）、预编译语句（如宏定义define等）进行分析，生成以.i为后缀的预处理文件。

（2）**编译**（Compilation）。生成以.s为后缀的汇编源文件。

（3）**汇编**（Assembly）。生成以.o为后缀的目标文件。

（4）**连接**（Linking）。调用链接器ld生成可执行文件。在连接阶段，所有的目标文件被安排在可执行程序中的恰当位置，同时，该程序所调用的库函数也从各自所在的档案库中连接到合适的地方。

命令格式：gcc（参数）（准备编译的源文件名）（-o）（目标文件名）

gcc参数及示例如下：

-c：只激活预处理、编译和汇编，也就是只将程序生成obj文件（即目标代码），如：

gcc -c hello.c　　生成hello.o的obj文件

-S：只激活预处理和编译，也就是只把文件编译成汇编代码（.s文件），如：

gcc -S hello.c　　生成hello.s的汇编文件

-E：只激活预处理，不生成文件，需要把它重定向到一个输出文件里，如：

gcc -E hello.c > pianoapan.txt

-o（小写）：指定目标文件名称，缺省的时候gcc编译得到的文件是a.out。如：

gcc hello.c -o hello　　　生成名为hello的可执行文件

-O（大写）：编译器对代码进行自动优化编译，输出效率更高的可执行文件，

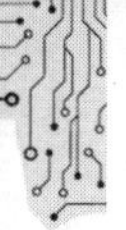

后面还可以跟上数字指定优化级别，如：

```
gcc -O2 hello.c
```

-g：生成供调试用的可执行文件，可以在gdb中运行并调试，如：

```
gcc -g source_file.c
```

4.4.2 调试器GDB

GDB为调试器，其主要功能有断点设置、单步调试、查看变量等。注意被调试程序在gcc编译的时候必须加上-g选项，否则无法使用GDB进行调试。

GDB调试过程如下：

GDB filename

或者：

先输入GDB，然后输入 file filename，再然后使用run或者r命令开始程序的执行，最后根据需要输入各项命令进调试。

GDB支持的常用命令见表4-5。

表 4-5　GDB 支持的常用命令

命令	命令缩写	命令说明
list	l	显示多行源代码
break	b	设置断点，程序运行到断点的位置会停下来
run	r	开始运行程序
display	disp	跟踪查看某个变量，每次停下来都显示它的值
step	s	执行下一条语句，如果该语句为函数调用，则进入函数并执行其中的第一条语句
next	n	执行下一条语句，如果该语句为函数调用，不会进入函数内部执行（即不会一步一步地调试函数内部语句）
print	p	打印内部变量值
continue	c	继续程序的运行，直到遇到下一个断点
set var name=v	—	设置变量的值
file	—	装入需要调试的程序
watch	—	监视变量值的变化
quit	q	退出GDB环境

4.4.3 实例：输出Hello World

先在用户目录下创建一个工作文件夹test1，然后把所有的C语言练习都保存到这个工作文件夹下。

```
mkdir    test1
```

vim　　hello.c

输入以下代码：

```
#include <stdio.h>
int main（）{
    printf（"\n Hello， World！"）；
    return 0;
}
```

切换到底行模式，输入wq，即保存并退出，然后编译：

gcc　hello.c　-o　hello

编译得到的可执行程序为hello，执行该程序：

./hello

程序运行结果如图4-6所示。

```
root@wy-virtual-machine:/home/wy/linux/test1# ./hello

 hello  world!
root@wy-virtual-machine:/home/wy/linux/test1# █
```

图 4-6　程序 hello.c 运行结果

4.5　Makefile 基础

Makefile可以看作一种简单的编程语言，其目的是实现自动化编译。

Linux系统下编译单个C语言程序，可以手动用GCC命令编译器完成。但是当包含多个源文件时，仍用手动编译的方式效率就太低了。此时可以通过Makefile实现它们的整合编译。Makefile中还可以自己设置变量，并集成了一些函数，还有很强的智能性，方便用户使用。

只要Makefile文件写得足够好，编译时只需要用make命令就可以了。make命令会智能地根据当前的文件修改情况来确定哪些文件需要重新编译，最终编译所需要的文件和链接成目标程序。

Makefile文件编写的基本格式如下：

```
target：prerequisites ...
command
……
```

target可以是目标文件，也可以是可执行文件。

prerequisites是要生成的那个target所需要的文件。

command是如何用指定的prerequisites产生target命令，即make后面需要执行的命令，可以是任意的Shell命令。注意第二行一定要以一个Tab键作为开头。

这两句描述了一个文件的依赖关系，即target这个目标文件依赖于prerequisites中的文件，其生成规则定义在command中。

假设一个工程有3个头文件（defs.h、buffer.h、command.h）和8个C语言文件（main.c、 kbd.c、command.c、display.c、insert.c、search.c、files.c、utils.c），则Makefile可以写成下面的格式：

```
/*Makefile示例*/

edit：          main.o kbd.o command.o display.o \
    insert.o search.o files.o utils.o
    gcc  –o  edit  main.o kbd.o command.o display.o \
    insert.o search.o files.o utils.o

main.o：        main.c defs.h
    gcc –c main.c
kbd.o：         kbd.c defs.h command.h
    gcc –c kbd.c
command.o：             command.c defs.h command.h
    gcc –c command.c
display.o：     display.c defs.h buffer.h
    gcc –c display.c
insert.o：      insert.c defs.h buffer.h
    gcc –c insert.c
search.o：      search.c defs.h buffer.h
    gcc –c search.c
files.o：       files.c defs.h buffer.h command.h
    gcc –c files.c
utils.o：       utils.c  defs.h
    gcc –c utils.c
clean：
    rm edit main.o kbd.o command.o display.o \
    insert.o search.o files.o utils.o
/*反斜杠（/）是换行符的意思*/
```

把这个内容保存在名为“Makefile”或“makefile”的文件中，然后在该目录下直接输入命令“make”就可以生成可执行文件edit。

如果要删除可执行文件和所有的中间目标文件，只要执行“make clean”就可以了。

make命令会自动比较targets文件和prerequisites文件的修改日期，如果prerequisites文件的日期比targets文件的日期要新，或者target不存在，那么make命令就会执行后续定义的命令行。

在默认方式下，输入make命令，其工作过程如下：

（1）make命令会在当前目录下查找名为“Makefile”或“makefile”的文件。

（2）如果找到，它会查找文件中的第一个目标文件（target），在上面的例子中，会找到“edit”这个文件，并把这个文件作为最终的目标文件。

（3）如果edit文件不存在，或者edit所依赖的后面的 .o 文件的修改时间比edit这个文件新，那么就会执行后面所定义的命令来生成edit这个文件。

（4）如果edit所依赖的.o文件存在，那么make命令会在当前文件中查找目标为.o文件的依赖性，如果找到则根据该规则生成.o文件。

（5）当C文件和H文件都存在时，make会生成 .o 文件，然后生成可执行文件edit。

Makefile中还可以定义和使用变量。makefile的变量是一个字符串，类似于C语言中的宏。后文中采用“$（变量名）”的方式引用这个变量。

例如，可以在Makefile一开始就这样定义：

```
CC=gcc
objects =     main.o kbd.o command.o display.o \
              insert.o search.o files.o utils.o
```

则 Makefile可以修改如下：

```
CC=gcc
objects =     main.o kbd.o command.o display.o \
              insert.o search.o files.o utils.o


edit:         $(objects)
              $(CC) -o edit $(objects)
main.o:       main.c defs.h
              $(CC) -c main.c
kbd.o:        kbd.c defs.h command.h
              $(CC) -c kbd.c
```

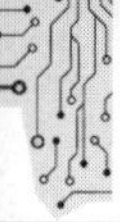


```
command.o:  command.c defs.h command.h
            $(CC) -c command.c
display.o:  display.c defs.h buffer.h
            $(CC) -c display.c
insert.o:   insert.c defs.h buffer.h
            $(CC) -c insert.c
search.o:   search.c defs.h buffer.h
            $(CC) -c search.c
files.o:    files.c defs.h buffer.h command.h
            $(CC) -c files.c
utils.o:    utils.c defs.h
            $(CC) -c utils.c
clean:
            rm edit $(objects)
```

这样如果有新的文件加入，或者编译器的版本有了变化等，只需简单地修改一下objects或CC变量就可以了，程序有了很好的可修改性与可移植性。

Makefile内容比较繁杂艰深，这里只是介绍了其最基本的部分内容。

4.6 搭建交叉编译环境

交叉编译器是一个GCC编译器，运行在宿主机PC上，用于编译ARM架构的代码，但是编译得到的可执行文件是在ARM 芯片上运行的。

交叉编译器的完整安装涉及多个软件安装，最重要的有Binutils、GCC、Glibc三个。其中，Binutils主要用于生成一些辅助工具；GCC用来生成交叉编译器，主要生成ARM—Linux—GCC交叉编译工具；Glibc主要是提供用户程序所使用的一些基本的函数库。

Linaro GCC编译工具链（编译器）下载地址如下：

https：//releases.linaro.org/components/toolchain/binaries/4.9-2017.01/arm-linux-gnueabihf/

由于本例安装的Ubuntu是64位系统，因此使用 gcc-linaro-4.9.4-2017.01-x86_64_arm-linux-gnueabihf.tar.xz

可在Ubuntu 中创建目录：/usr/local/arm，命令如下：

sudo mkdir /usr/local/arm

创建完成后，将刚刚下载的交叉编译器复制到/usr/local/arm 这个目录中：

sudo cp gcc-linaro-4.9.4-2017.01-x86_64_arm-linux-gnueabihf.tar.

xz/usr/local/arm/ -f

复制完成后，在/usr/local/arm 目录中对交叉编译工具进行解压：

sudo tar -vxf gcc-linaro-4.9.4-2017.01-x86_64_arm-linux- gnueabihf.tar.xz

解压完成后会生成一个名为“gcc-linaro-4.9.4-2017.01-x86_64_arm-linux-gnueabihf”的文件夹，这个文件夹里面就是交叉编译工具链。

修改环境变量，使用VIM打开/etc/profile文件，在最下面添加一行：

export PATH=$PATH：/usr/local/arm/gcc-linaro-4.9.4-2017.01- x86_64_

arm-linux-gnueabihf/bin

修改好以后保存退出，重启Ubuntu系统，交叉编译工具链（编译器）就安装成功了。

接下来安装相关库。在使用交叉编译器之前还需要安装一下其他库，命令如下：

sudo apt-get install lsb-core lib32stdc++6

自行搭建交叉编译环境通常比较复杂，而且容易出错，通常建议开发者采用开发板提供的交叉编译环境即可。

4.7 嵌入式 Linux 系统内核的裁减和移植

Linux内核当前支持以下三种配置方式：

（1）**基于命令行的问答式。**此配置方式通过make config命令启动，针对每一个内核配置选项会有一个提问，用户可以根据需求给出答案。Y代表在内核中包含此项内核特性，m代表此项内核特性作为模块编译（编译但不链入内核镜像中），n代表不对该特性提供支持。

（2）**基于字符的菜单式。**此配置方式通过make menuconfig命令启动，用户可以通过一个字符配置菜单对内核进行配置，这是最常用的配置方式。

（3）**基于图形的菜单式。**此配置方式通过make menuconfig命令启动，操作方式与第二种方式相似，界面更加友好，但需要X windows系统的支持（见图4-7）。

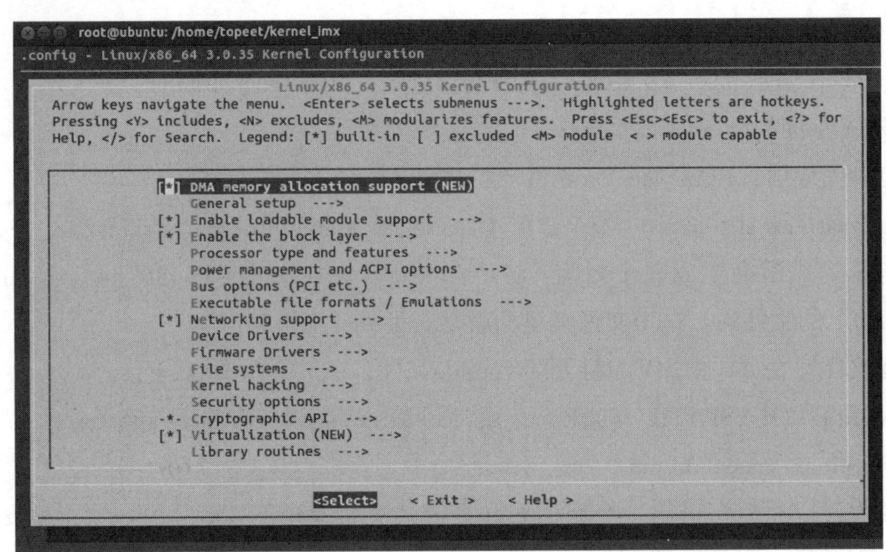

图 4–7 Linux 内核的图形配置界面

当根据系统需求配置好内核，退出配置菜单时，系统会在当前目录下生成一个.config文件，其后要进行的内核编译就是根据这个.config文件来进行条件编译以生成相应的内核镜像文件。在配置工作完成后，就进入内核编译阶段。此时需要先安装好交叉编译器，然后修改Makefile。修改内核目录树根下的Makefile时，可先指明交叉编译器。在设计时，可向Makefile中添加如下内容：

ARCH ？ ＝arm

CROSS_COMPILE? ＝arm–linux–

然后设置PATH环境变量，使其可以找到交叉编译工具链，再添加如下内容：

export PATH＝ / usr / local / arln—linux—3. 4. 4 / bin：$PATH

然后运行：

vi ~ / . Bashrc

嵌入式Linux内核编译的步骤如下：

（1）make clean，此命令会删除原来的编译结果以及一些旧的数据文件。

（2）make dep，此命令会搜索内核编译中的依赖关系，并修正内核编译配置。

（3）make，此命令会执行实际的编译过程，并在arch/arm/boot目录中生成内核镜像文件zImage。

4.8 根文件系统构建

Linux系统中的根文件系统的目录名为‘/’，在这个目录里面会有很多子目录，包含了很多文件，这些文件是Linux系统运行所必需的，如库、常用的软件和命令、设备文件、配置文件等。

根文件系统是内核启动时所挂载（mount）的第一个文件系统，内核代码镜像文件保存在根文件系统中，系统引导启动程序会在根文件系统挂载之后从中把一些基本的初始化脚本和服务等加载到内存中去运行。

Linux系统的根目录下包含的常用子目录有/bin、/dev、/etc、/lib、/mnt、/proc、/usr等。

可以使用BusyBox软件构建根文件系统。

BusyBox是一个集成了大量的Linux命令和工具的软件，如ls、mv、ifconfig 等命令。使用BusyBox 构建根文件系统的主要步骤如下。

4.8.1　下载源码

BusyBox的官网地址为：https：//busybox.net/，目前推荐使用1.29.0版本的BusyBox。

4.8.2　编译BusyBox构建根文件系统

解压文件：tar –vxjf busybox–1.29.0.tar.bz2

完成解压后进入BbusyBox目录中。

4.8.2.1　修改Makefile，添加编译器

同Uboot 和Linux 移植一样，打开BusyBox 的顶层Makefile，添加ARCH 和CROSS_COMPILE的值，如下所示：

```
CROSS_COMPILE = /usr/local/arm/gcc–linaro–4.9.4–2017.01– x86_64_arm
–linux–gnueabihf/bin/arm–linux–gnueabihf–
ARCH = arm
```

4.8.2.2　配置BusyBox

与编译Uboot、Linux kernel类似，要先对BusyBox 进行默认的配置，有以下几种配置选项：

（1）defconfig，缺省配置，也就是默认配置选项。

（2）allyesconfig，全选配置，也就是选中BusyBox 的所有功能。

（3）allnoconfig，最小配置。

一般使用默认配置即可，如使用以下命令默认配置BusyBox：

```
make defconfig
```

BusyBox支持图形化配置，通过图形化配置可以进一步选择需要的功能，输入如下命令即可打开图形化配置界面（见图4–8）：

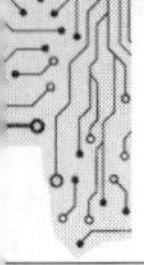

make menuconfig

```
BusyBox 1.29.0 Configuration

Arrow keys navigate the menu.  <Enter> selects submenus --->.  Highlighted letters are hotkeys.  Pressing
<Y> includes, <N> excludes, <M> modularizes features.  Press <Esc><Esc> to exit, <?> for Help, </> for
Search.  Legend: [*] built-in  [ ] excluded  <M> module  < > module capable

        Settings  --->
    --- Applets
        rchival Utilities  --->
        oreutils  --->
        onsole Utilities  --->
        ebian Utilities  --->
        libc-utils  --->
        ditors  --->
        inding Utilities  --->
        nit Utilities  --->

        <Select>    < Exit >    < Help >
```

图 4–8　BusyBox 图形化配置界面

建议配置方式如下：

Location–>Settings–>Build static binary（no shared libs），不选

Location–>Settings–>vi–style line editing commands，选中

Location–>Linux Module Utilities–> Simplified modutils，不选

Location–> Linux System Utilities–> mdev （16 kb） //确保下面的全部选中，默认都是选中的

Location–>Settings–>Support Unicode–>Check $LC_ALL， $LC_CTYPE and $LANG environment variables

4.8.2.3　编译BusyBox

配置好 BusyBox 以后就可以编译了，如输入如下命令：

make install CONFIG_PREFIX=/home/linux/nfs/rootfs

COFIG_PREFIX 指定编译结果的存放目录，如以下目录：

/home/linux/nfs/rootfs

然后等待编译完成。

4.8.2.4　向根文件系统添加lib库文件

（1）向rootfs 的“/lib”目录添加库文件。

在rootfs中创建一个名为“lib”的文件夹，命令如下：

mkdir lib

lib 库文件从交叉编译器中获取，前面搭建交叉编译环境的时候将交叉编译器存放到了“/usr/local/arm/”目录中。

进入如下路径对应的目录：

/usr/local/arm/gcc–linaro–4.9.4–2017.01–x86_64_arm–linux–gnueabihf/arm–linux–

gnueabihf/libc/lib

此目录下有很多*so*（*是通配符）和.a 文件，这些就是库文件，将此目录下所有的*so*和.a文件都拷贝到rootfs/lib 目录中，拷贝命令如下：

cp *so* *.a /home/linux/nfs/rootfs/lib/ -d

后面的“-d”表示拷贝符号链接，这里有个比较特殊的库文件：ld-linux-armhf.so.3，此库文件也是一个符号链接，相当于Windows系统下的快捷方式。

因此需要先将 rootfs/lib 中的 ld-linux-armhf.so.3 文件删除，然后重新进入/usr/local/arm/gcc-linaro-4.9.4-2017.01-x86_64_arm-linux-gnueabihf/arm-linux-gnueabihf/libc/lib 目录中，拷贝ld-linux-armhf.so.3，命令如下：

cp ld-linux-armhf.so.3 /home/linux/nfs/rootfs/lib/

拷贝完成后到 rootfs/lib 目录下查看ld-linux-armhf.so.3 文件详细信息，此时ld-linux-armhf.so.3 已经不是软连接了，而是一个实实在在的库文件，文件大小为724392B。

继续进入以下目录中：

/usr/local/arm/gcc-linaro-4.9.4-2017.01-x86_64_arm-linux-gnueabihf/arm-linux-gnueabihf/lib

此目录下也有很多*so*和.a 库文件，将它们也拷贝到rootfs/lib 目录中，命令如下：

cp *so* *.a /home/linux/nfs/rootfs/lib/ -d

（2）向rootfs 的“usr/lib”目录添加库文件。

在rootfs 的usr 目录下创建一个名为 lib 的目录，将如下目录中的库文件拷贝到rootfs/usr/lib目录下：

/usr/local/arm/gcc-linaro-4.9.4-2017.01-x86_64_arm-linux-gnueabihf/arm-linux-gnueabihf/libc/ usr/lib

将此目录下的*so* 和.a 库文件都拷贝到rootfs/usr/lib 目录中，命令如下：

cp *so* *.a /home/linux/nfs/rootfs/usr/lib/ -d

在根文件系统中创建其他文件夹，如dev、proc、mnt、sys、tmp 和 root 等。还需创建/etc/init.d/rcS 文件。

rcS 是个shell脚本，Linux内核启动以后需要启动一些服务，rcS就是规定启动哪些文件的脚本文件。在rootfs 中创建/etc/init.d/rcS 文件，然后在 rcS 中输入如下所示内容：

```
#! /bin/sh
PATH=/sbin: /bin: /usr/sbin: /usr/bin: $PATH
LD_LIBRARY_PATH=$LD_LIBRARY_PATH: /lib: /usr/lib
export PATH LD_LIBRARY_PATH
```

```
5 mount -a
6 mkdir /dev/pts
7 mount -t devpts devpts /dev/pts
8 echo /sbin/mdev > /proc/sys/kernel/hotplug
9 mdev -s
```

第2行，PATH 环境变量中保存着可执行文件可能存在的目录，这样在执行一些命令或者可执行文件的时候就不会提示找不到文件这样的错误。

第3行，LD_LIBRARY_PATH环境变量中保存着库文件所在的目录。

第4行，使用export来导出上面这些环境变量，相当于声明一些全局变量。

第5行，使用 mount命令来挂载所有的文件系统，这些文件系统由文件/etc/fstab 来指定，因此还要创建/etc/fstab 文件。

第6、7行，创建目录/dev/pts，然后将devpts 挂载到/dev/pts 目录中。

第8、9行，使用 mdev 来管理热插拔设备，通过这两行，Linux 内核就可以在/dev 目录下自动创建设备节点。关于mdev的详细内容可以参考BusyBox 中的docs/mdev.txt 文档。

创建好文件/etc/init.d/rcS 以后，使用如下命令给予可执行权限：

```
chmod 777 rcS
```

（3）创建/etc/fstab 文件。

在rootfs 中创建/etc/fstab 文件，fstab在Linux系统开机以后自动配置那些需要自动挂载的分区，格式如下：

<file system> <mount point> <type> <options> <dump> <pass>

<file system>：要挂载的特殊设备，也可以是块设备，比如/dev/sda 等。

<mount point>：挂载点。

<type>：文件系统类型，比如 ext2、ext3、proc、romfs、tmpfs 等等。

<options>：挂载选项，在Ubuntu 中输入man mount命令可以查看具体的选项。一般使用defaults，也就是默认选项，defaults包含了rw、suid、 dev、 exec、auto、nouser和async。

<dump>：值为1表示允许备份，值为0表示不允许备份。

<pass>：磁盘检查设置，值为 0 表示不检查。根目录“/”设置为 1，其他的都不能设置为 1，其他分区从2 开始。一般不在 fstab 中挂载根目录，因此这里一般设置为 0。

```
#<file system>  <mount point>  <type>  <options>  <dump>  <pass>
proc            /proc          proc    defaults   0       0
tmpfs           /tmpfs         tmpfs   defaults   0       0
```

```
sysfs                /sysfs         sysfs        defaults        0             0
```

（4）创建/etc/inittab 文件。

init程序会读取/etc/inittab这个文件，inittab 由若干条指令组成。每条指令的结构都是一样的，由以“：”分隔的4个段组成，格式如下：

<id>: <runlevels>: <action>: <process>

<id>：每个指令的标识符，不能重复。但是对于BusyBox的init来说，<id>有着特殊含义。BusyBox中的<id>用来指定启动进程的控制tty，一般将串口或者 LCD屏幕设置为控制tty。

<runlevels>：对BusyBox来说此项完全无用，所以空着。

<action>：动作，用于指定<process>可能用到的动作。BusyBox支持的动作如表4–6所示。

表 4–6　BusyBox 支持的动作

名称	动作
sysinit	在系统初始化的时候 process 才会执行一次
respawn	当process 终止以后马上启动一个新的
askfirst	和respawn 类似，在运行process 之前在控制台上显示“Please press Enter to activate this console.”。只有用户按下“Enter”键以后才会执行process
wait	告诉init，要等待相应的进程执行完以后才能继续执行
once	仅执行一次，而且不会等待 process 执行完成
restart	当init 重启的时候才会执行 process
ctrlaltdel	当按下 ctrl+alt+del 组合键时才会执行 process
shutdown	关机的时候执行 process

<process>：具体的动作，比如程序、脚本或命令等。也可以创建一个/etc/inittab，在里面输入如下内容：

```
1  #etc/inittab
2  : : sysinit: /etc/init.d/rcS
3  console: : askfirst: –/bin/sh
4  : : restart: /sbin/init
5  : : ctrlaltdel: /sbin/reboot
6  : : shutdown: /bin/umount –a –r
7  : : shutdown: /sbin/swapoff –a
```

第2行，系统启动以后运行/etc/init.d/rcS 这个脚本文件。

第3行，将console 作为控制台终端，也就是 ttymxc0。

第5行，按下ctrl+alt+del重启系统。

第6 行，关机的时候执行/bin/umount，也就是卸载各个文件系统。

第7行，关机的时候执行/sbin/swapoff，也就是关闭交换分区。

4.9 系统烧写

此时已经移植好uboot和linux kernel，并制作好根文件系统。需要将uboot、linux kernel、.dtb（设备树）和rootfs 这四个文件烧写到开发板上的EMMC、NAND 或QSPI Flash 等其他存储设备上。可以使用NXP 官方提供的MfgTool工具通过 USB OTG接口来烧写系统。

MfgTool工具是NXP提供的专门用于给i.MX系列CPU烧写系统的软件，可以在 NXP 官网下载到。

MfgTool工作过程主要分为以下两个阶段：

（1）将firmware目录中的uboot、linux kernel 和.dtb文件通过 USB OTG 下载到开发板的DDR中，目的是在DDR中启动Linux 系统，为后面的烧写做准备。

（2）经过第（1）步的操作，此时Linux系统已经运行起来了，此后就可以很方便地完成对EMMC的格式化、分区等操作。EMMC分区建立好以后就可以从files中读取要烧写的uboot、linux kernel、.dtb和rootfs 这 4 个文件，然后将其烧写到EMMC 中。

将imx6ull-alientek-emmc.dtb、u-boot-alientek-emmc.imx和zImage-alientek-emmc这三个文件复制到mfgtools-with-rootfs/ mfgtools/Profiles/Linux/OS Firmware/firmware 目录下。

将imx6ull-alientek-emmc.dtb、u-boot-alientek-emmc.imx、zImage-alientek-emmc和rootfs-alientek-emmc.tar.bz2 这四个文件复制到mfgtools-with-rootfs/mfgtools/Profiles/Linux/OS Firmware/files 目录下。

设置好开发板的烧写模式后，再复位重启开发板就进入烧写模式。

4.10 裸机程序编译流程

本书的例程运行在正点原子基于i.MX6U的Alpha嵌入式开发板上。

4.10.1 代码重定位

首先需明确运行地址与链接地址的概念。

运行地址：程序在SRAM、SDRAM中执行时的地址。当执行到某条指令时，该条指令应该保存在运行地址内。

链接地址：程序在编译时确定的地址，一般在链接脚本文件（.lds）中指定。

例如，以下为链接脚本：

```
SECTIONS                    //描述输出文件的内存布局
  {
   . = 0x10000;             // "." 表示当前运行位置，即指定当前起始地址为0x10000
   . = ALIGN（4）;          //表示当前位置要4字节对齐
   .text : {*（.text）}     //代码段
   . = 0x8000000;           //重新指定起始地址
   .data : {*（.data）}     //初始化过的数据段
   .bss : {*（.bss）}       //未初始化过的数据段
  }
```

.text、.rodata、.data、.bss都是默认的字段。

这里运行地址就是代码运行时所处的地址。

链接地址在编译时已经确定，而运行地址由于种种原因可能是变化的。为此，程序代码可能在内存中变换位置，这种现象称为代码重定位。

本书所有裸机例程的链接地址都在DDR中，链接起始地址为0X87800000。裸机程序起初都是存放在SD卡中，需要读入内存才能运行。

4.10.2　可执行镜像文件的格式

烧写在EMMC、SD/TF卡上的程序，并不能"自己复制自己"。开发板一上电首先运行的是厂家固化在iMX6ULL的boot ROM上的程序，它会从EMMC、SD/TF卡上把程序复制进内存里。

为此，boot ROM程序需要知道从启动设备哪个位置读程序，读多大的程序，复制到哪里去。因此在启动设备上，不能仅仅烧写bin文件，还需要添加额外的信息。

总结起来，烧写在EMMC、SD卡或者TF卡上的，除了程序本身，还有位置信息、DCD信息，这些内容合并成一个镜像文件。

正点原子开发板的烧写文件分为四个部分，如图4-9所示。

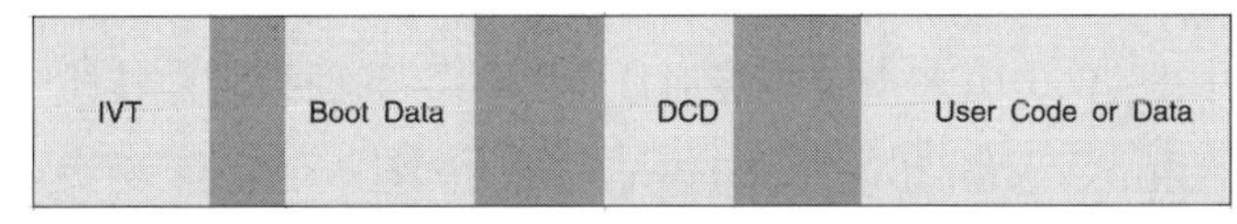

图 4-9　可执行镜像文件的格式

首先是固定格式的文件头部的Image Vector Table 信息，简称IVT。IVT中是一系

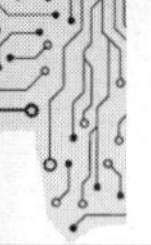

列地址，boot ROM程序会根据这些地址来确定镜像文件中其他部分在哪里。IVT会被放在固定的地址中。

其次是启动设备的信息Boot Data，它用来表示镜像文件的大小及应该被复制到哪里去。

再次是DCD（Device Configuration Data，设备配置数据），boot ROM程序会从启动设备上读出DCD，根据DCD来写对应的寄存器以便初始化芯片。DCD中列出的是对某些寄存器的读写操作，可以在DCD中设置DDR控制器的寄存器值，也可以使用更优的参数设置所需的硬件。这样boot ROM程序就会初始化DDR和其他硬件，然后才能把bin程序读到DDR中并运行。

最后是用户程序和数据。

4.10.3 可执行镜像文件的生成和运行步骤

裸机程序的编译运行是一个复杂的过程，不仅需要编译程序本身，而且需要添加上述信息形成指定的镜像文件格式才能够运行。

假设已编写了一个汇编语言源程序test.s，需要在开发板上的裸机环境下运行，其编译和运行步骤如下：

4.10.3.1 arm-linux-gnueabihf-gcc 编译文件

```
arm-linux-gnueabihf-gcc -g -c test.s -o test.o
```

上述命令是将test.s编译为test.o，其中“-g”选项是产生调试信息，GDB 能够使用这些调试信息进行代码调试。“-c”选项是编译源文件，但是不链接。“-o”选项是指定编译产生的文件名，这里指定test.s编译完成后的文件名为test.o。执行上述命令后就会编译生成一个test.o文件。

test.o文件并不是我们可以下载到开发板中运行的文件，一个工程中所有的 C语言文件和汇编语言文件都会编译生成一个对应的.o文件，需要将这个.o 文件链接起来组合成可执行文件。

4.10.3.2 arm-linux-gnueabihf-ld 链接文件

arm-linux-gnueabihf-ld命令用来将众多的.o文件链接到一个指定的链接位置（0X87800000 这个地址）。

```
arm-linux-gnueabihf-ld -Ttext 0X87800000 test.o -o test.elf
```

上述命令中的-Ttext用来指定链接地址，“-o”选项指定链接生成的 elf 文件名。

4.10.3.3 arm-linux-gnueabihf-objcopy 格式转换

arm-linux-gnueabihf-objcopy更像一个格式转换工具，我们需要用它将 test.elf文件转换为test.bin 文件：

```
arm-linux-gnueabihf-objcopy -O binary -S -g test.elf test.bin
```

上述命令中，“-O”选项指定以什么格式输出，后面的“binary”表示以二进制格式输出，选项“-S”表示不复制源文件中的重定位信息和符号信息，“-g”表示不复制源文件中的调试信息。

4.10.3.4　arm-linux-gnueabihf-objdump 反汇编

有时需要查看文件的汇编代码来辅助调试，因此就需要进行反汇编（见图4-10）。一般可以使用以下命令

对 elf 文件进行汇编：

arm-linux-gnueabihf-objdump -D test.elf > test.dis

上述代码中的“-D”选项表示反汇编所有的段，反汇编完成后就会在当前目录下出现一个名为test.dis 的文件。

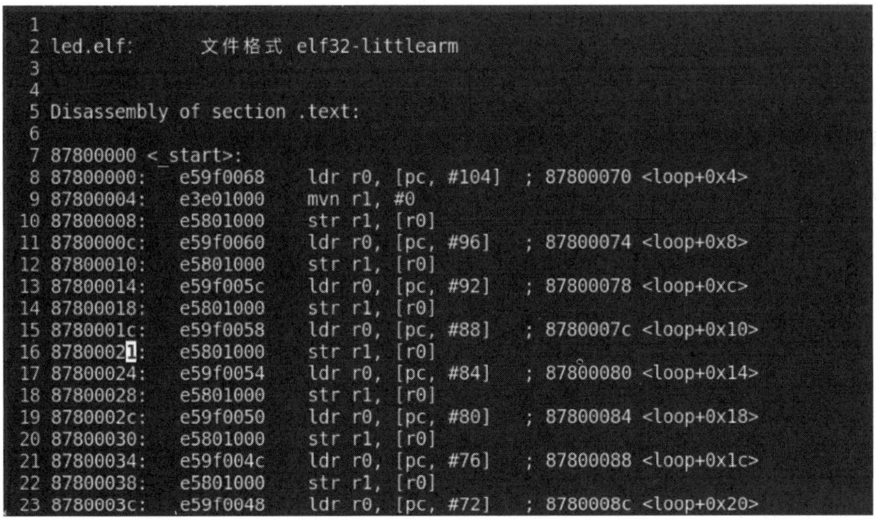

```

led.elf:      文件格式 elf32-littlearm


Disassembly of section .text:

87800000 <_start>:
87800000:   e59f0068    ldr r0, [pc, #104]  ; 87800070 <loop+0x4>
87800004:   e3e01000    mvn r1, #0
87800008:   e5801000    str r1, [r0]
8780000c:   e59f0060    ldr r0, [pc, #96]   ; 87800074 <loop+0x8>
87800010:   e5801000    str r1, [r0]
87800014:   e59f005c    ldr r0, [pc, #92]   ; 87800078 <loop+0xc>
87800018:   e5801000    str r1, [r0]
8780001c:   e59f0058    ldr r0, [pc, #88]   ; 8780007c <loop+0x10>
87800020:   e5801000    str r1, [r0]
87800024:   e59f0054    ldr r0, [pc, #84]   ; 87800080 <loop+0x14>
87800028:   e5801000    str r1, [r0]
8780002c:   e59f0050    ldr r0, [pc, #80]   ; 87800084 <loop+0x18>
87800030:   e5801000    str r1, [r0]
87800034:   e59f004c    ldr r0, [pc, #76]   ; 87800088 <loop+0x1c>
87800038:   e5801000    str r1, [r0]
8780003c:   e59f0048    ldr r0, [pc, #72]   ; 8780008c <loop+0x20>
```

图 4-10　反汇编代码示例

从图4-10可以看出，test.dis 里面是汇编代码，而且可以看到内存的分配情况。在 0X87800000 处就是全局标号_start，也就是程序开始的地方。通过test.dis 这个反汇编文件可以明显地看出程序代码已经链接到了以 0X87800000 为起始地址的区域。

总体来看地，编译ARM开发板上运行的test.o 这个文件使用了以下命令：

arm-linux-gnueabihf-gcc -g -c test.s -o test.o

arm-linux-gnueabihf-ld -Ttext 0X87800000 test.o -o test.elf

arm-linux-gnueabihf-objcopy -O binary -S -g test.elf test.bin

arm-linux-gnueabihf-objdump -D test.elf>test.dis

4.10.3.5　创建 Makefile文件

因为生成镜像文件的步骤较烦琐，所以可以采用自动编译的方式来完成。用touch命令在工程根目录下创建一个名为“Makefile”的文件：

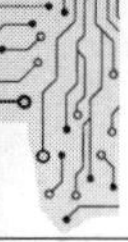


```
touch  Makefile
```

内容如下：

```
test.bin： test.s
arm-linux-gnueabihf-gcc -g -c test.s -o led.o
arm-linux-gnueabihf-ld -Ttext 0X87800000 test.o -o test.elf
arm-linux-gnueabihf-objcopy -O binary -S -g test.elf test.bin
arm-linux-gnueabihf-objdump -D test.elf > test.dis
clean
rm -rf *.o test.bin test.elf test.dis
```

创建好 Makefile 以后只需要执行一次make命令即可完成编译。

如果要清理工程，只需执行make clean命令即可。

4.10.3.6 代码烧写SD卡和运行

i.MX6U支持从外置的NOR Flash、NAND Flash、SD/EMMC、SPI NOR Flash和QSPI Flash等存储介质中启动，因此可以将代码烧写到这些存储介质中。

正点原子专门编写了一个软件将编译得到的.bin文件烧写到SD卡中，这个软件叫作"imxdownload"，其只能在Ubuntu下使用，使用步骤如下：

（1）将 imxdownload 拷贝到工程根目录下。

（2）给予 imxdownload 可执行权限：

```
Chmod  777  imxdownlaod
```

（3）确定要烧写的 SD 卡。

（4）向 SD 卡烧写 .bin 文件：

```
./imxdownload <.bin file> <SD Card>
./imxdownload test.bin /dev/sdd //不能烧写到/dev/sda 或sda1设备里面，那是系统磁盘
```

烧写的过程中可能会让用户输入密码，此时输入Ubuntu密码即可完成烧写。

注意烧写速度，如果烧写速度在几百 KB/s 以下就是正常烧写。烧写完成后会在当前工程目录下生成一个load.imx文件，这个文件是可执行的镜像文件，最终烧写到SD卡里面的就是这个文件。

（5）代码验证。

将SD卡插到开发板的SD卡槽中，然后设置拨码开关为 SD 卡启动，如图4-11所示。

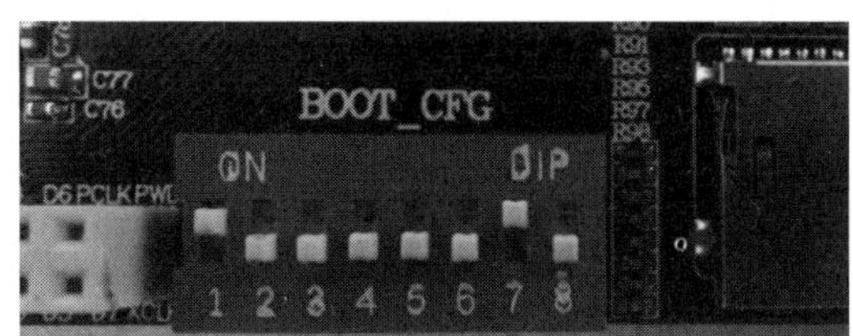

图 4-11 SD 卡对应的拨码开关

设置好以后按一下开发板的复位键，正常的话代码会在开发板中运行起来。

习题 4

1. 简述嵌入式系统交叉编译开发环境搭建的主要步骤。

2. 举例说明Linux系统主要命令的用法，如ls、tar、mkdir、cd、chmod等。

3. 按要求完成以下操作：

（1）创建文件夹test。

（2）进入test目录。

（3）在test目录下用VIM编写一个新文件test.c，其内容如下：

```
#include <stdio.h>
int main（）
{
    int a，i=0;
    a=0;
    while（i<20）
    {
      a=a+3;
      printf（"the value of a=%d \n"，a）;
      sleep（1）;
      i=i+1;
      return 0;
    }
}
```

（4）保存并退出test.c。

（5）按照下面的要求编译test.c。

① 使用gcc -o test test.c编译，生成test。

② 使用gcc -g -o -g test test.c编译，生成gtest。

③ 比较gtest 与test 的大小，哪个大？为什么？

（6）执行gtest 与test 。

4. 使用GDB调试上面的程序gtest，并给出主要过程（进入GDB、设置断点、查看变量、继续执行等）的截图。

5. 写出习题3的Makefile文件，并给出使用Makefile进行编译的过程。

6. 写出正点原子环境下裸机程序编译至运行的主要步骤。

第 5 章　i.MX6ULL 概述

5.1　i. MX6ULL 处理器组成结构

i.MX6U系列是NXP推出的一款高性能的应用处理器，该处理器同时提供了丰富的外设，以应用于各种嵌入式系统设计中。其内部结构如图5-1所示。

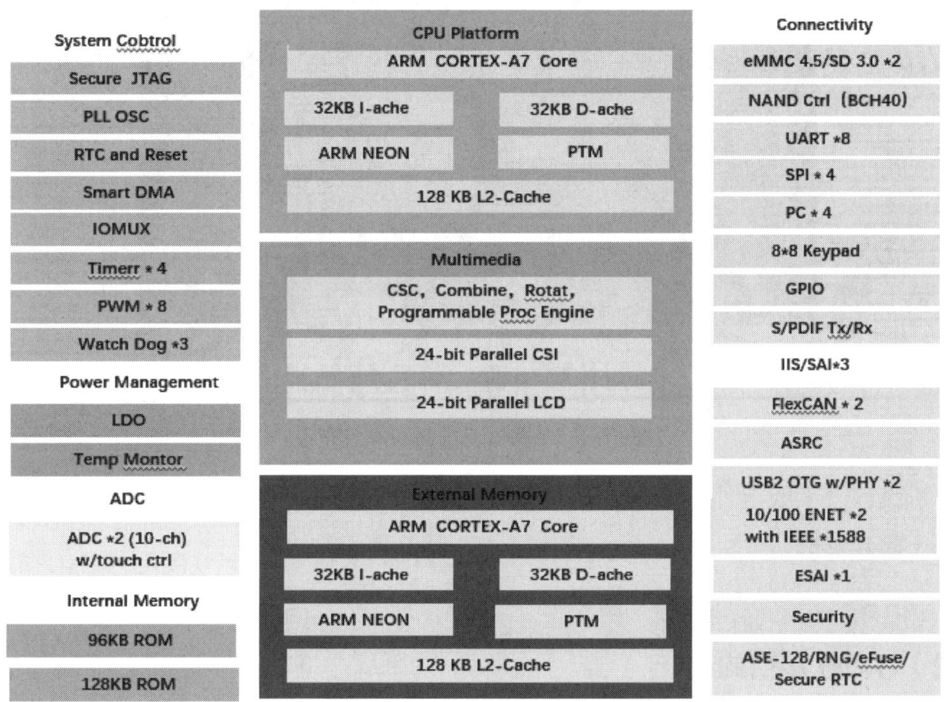

图 5-1　i.MX6U 处理器内部结构

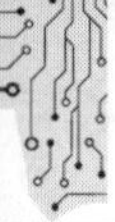

i.MX6U处理目的主要特性如下：

（1ARM Cortex-A7内核频率可达900 MHz， 128 KB L2缓存。

（2）并行24bit RGB LCD接口，可以支持1366×768分辨率。

（3）8/10/16位并行摄像头传感器接口（CSI）。

（4）2个MMC 4.5/SD 3.0/SDIO 接口。

（5）2个USB 2.0 OTG， HS/FS， Device or Host with PHY。

（6）音频接口3x I2S/SAI， S/PDIF Tx/Rx。

（7）2个IEEE 802.3标准10/100Mbps以太网接口。

（8）多达8个UART接口。

（9）2个12-bit ADC最高支持10个输入通道，支持电阻触摸屏（4/5线）。

（10）安全模块：TRNG，Crypto Engine（AES with DPA，TDES/SHA/RSA），Secure Boot。

本书采用基于i.MX6U的正点原子Alpha嵌入式开发板 ，板上资源分布见如5-2所示。

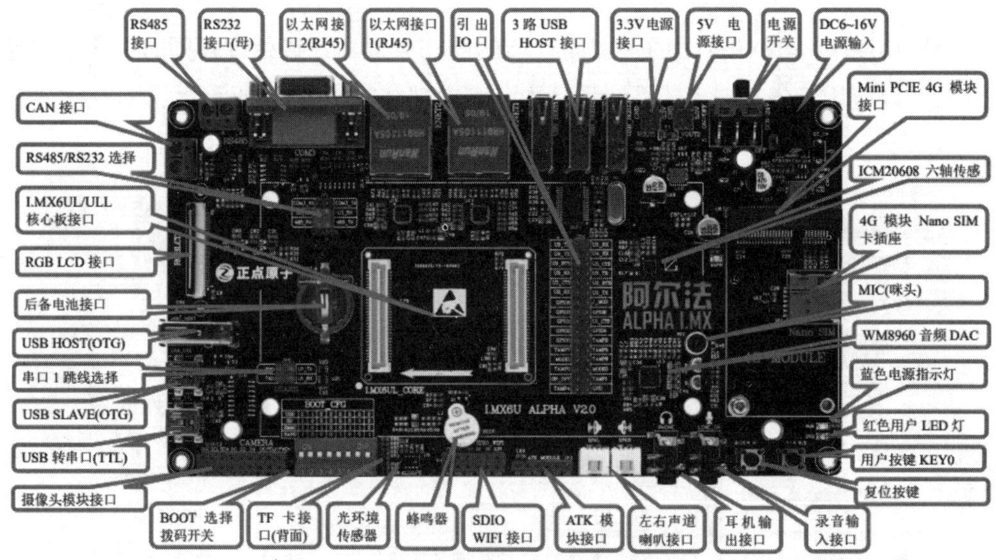

图 5-2　Alpha 开发板资源分布

可见该开发板上外设丰富，是一款理想的嵌入式Linux学习开发平台，本书实例均基于此开发板。

5.2　GPIO 接口的设计

IO口复用与配置在参考手册《i.MX6ULL Applications Processor Reference Manual》

中的第32章“IOMUX Controller（IOMUXC）”中有叙述。

i.MX6ULL的GPIO共有5组，分别为GPIO1、GPIO2、GPIO3、GPIO4、GPIO5，每组GPIO下又有多个IO口，其中GPIO1有32个IO口、GPIO2有22个IO口、GPIO3有29个IO口、GPIO4有29个IO口、GPIO5有12个IO口，总共有124个IO口。

i.MX6U中将IO配置为GPIO需要进行以下操作：

（1）IO复用与IO配置；

（2）进行GPIO配置，包括GPIO的输入/输出方向、输入/输出电平、中断控制等。

如图5-3所示，GPIO的配置分为以下两个步骤：

第一步，通过IOMUXC_SW_MUX_CTL_PAD_XX_XX 和 IOMUXC_SW_PAD_CTL_PAD_XX_XX 两种寄存器完成配置。

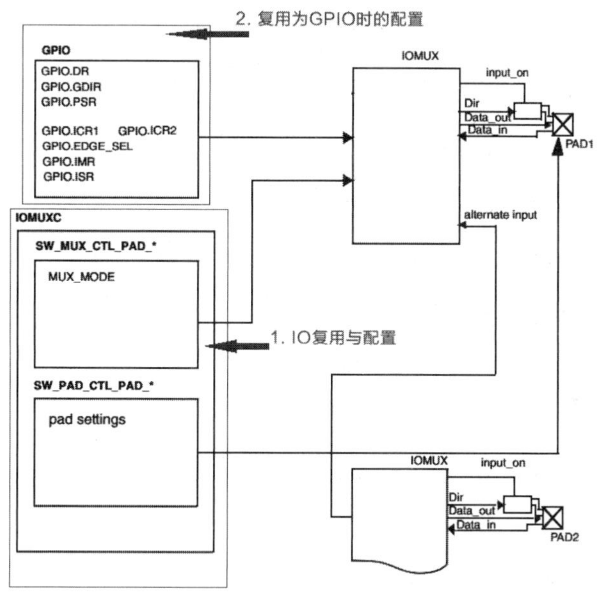

图 5-3　IO 配置功能框图

第二步，需要对GPIO的8个配置寄存器进行操作，分别为DR、DGIR、PSR、ICR1、ICR2、EDGE_SEL、IMR、ISR。

如果将i.MX6U的IO作为GPIO使用，则需要完成以下几个步骤：

（1）使能 GPIO 对应的时钟。

（2）设置寄存器 IOMUXC_SW_MUX_CTL_PAD_XX_XX，设置IO的复用功能，使其复用为 GPIO 功能。

（3）设置寄存器IOMUXC_SW_PAD_CTL_PAD_XX_XX，设置IO的上下拉、速度等。

（4）配置 GPIO，设置输入/输出、是否使用中断、默认输出电平等。

下面按照上述步骤介绍GPIO的设置过程。

5.2.1 i.MX6U的GPIO时钟使能

i.MX6U系统时钟的操作可参考：《i.MX6ULL Applications Processor Reference Manual》第18章“Clock Controler Module（CCM）”中的叙述。其中CCM的外设时钟使能寄存器CCM_CCGR0-CCM_CCGR6控制着i.MX6U的所有外设时钟的开关。图5-4为CCM_CCGR0寄存器结构及其配置说明。

Bit	31	30	29	28	27	26	25	24	23	22	21	20	19	18	17	16
R/W	CG15		CG14		CG13		CG12		CG11		CG10		CG9		CG8	
Reset	1	1	1	1	1	1	1	1	1	1	1	1	1	1	1	1

Bit	15	14	13	12	11	10	9	8	7	6	5	4	3	2	1	0
R/W	CG7		CG6		CG5		CG4		CG3		CG2		CG1		CG0	
Reset	1	1	1	1	1	1	1	1	1	1	1	1	1	1	1	1

CCM_CCGR0 Field Descriptions

Field	Description
31–30 CG15	gpio2_clocks (gpio2_clk_enable)
29–28 CG14	uart2 clock (uart2_clk_enable)
27–26 CG13	gpt2 serial clocks (gpt2_serial_clk_enable)
25–24 CG12	dcic1 clocks (dcic1_clk_enable)gpt2 bus clocks (gpt2_bus_clk_enable)
23–22 CG11	CPU debug clocks (arm_dbg_clk_enable)
21–20 CG10	can2_serial clock (can2_serial_clk_enable)
19–18 CG9	can2 clock (can2_clk_enable)
17–16 CG8	can1_serial clock (can1_serial_clk_enable)
15–14 CG7	can1 clock (can1_clk_enable)
13–12 CG6	caam_wrapper_ipg clock (caam_wrapper_ipg_enable)
11–10 CG5	caam_wrapper_aclk clock (caam_wrapper_aclk_enable)
9–8 CG4	caam_secure_mem clock (caam_secure_mem_clk_enable)
7–6 CG3	asrc clock (asrc_clk_enable)
5–4 CG2	apbhdma hclk clock (apbhdma_hclk_enable)
3–2 CG1	aips_tz2 clocks (aips_tz2_clk_enable)
CG0	aips_tz1 clocks (aips_tz1_clk_enable)

图 5-4 CCM_CCGR0 寄存器结构及配置说明

GPIO2由CCM_CCGR0的位（31～30）配置，其他GPIO1～GPIO5也分别在CCM_CCGR1～6中的对应位配置。每个寄存器32位，以CCGR0为例，每两位控制一个外设时钟，见表5-1。

表 5-1　GPIO 时钟位设置

位设置	时钟控制
00	所有模式下都关闭外设时钟
01	只有运行模式下打开外设时钟，等待和停止模式均关闭
10	未使用
11	除停止模式外，其他所有模式下都打开

若要打开GPIO2的外设时钟，则CCM_CCGR0=3<<4。

5.2.2　i.MX6U IO复用及参数配置

5.2.2.1　IO复用功能配置

用IOMUXC_SW_MUX_CTL_PAD_***_***寄存器设置端口复用。以GPIO1_IO00配置为例，对应的配置寄存器结构如图5-5所示。

SW_MUX_CTL_PAD_GPIO1_IO00 SW MUX Control Register (IOMUXC_SW_MUX_CTL_PAD_GPIO1_IO00)

SW_MUX_CTL Register

Address: 20E_0000h base + 5Ch offset = 20E_005Ch

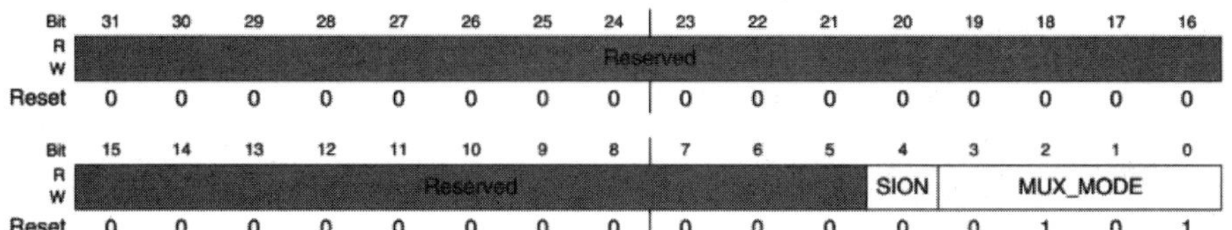

Bit	31	30	29	28	27	26	25	24	23	22	21	20	19	18	17	16
R W	Reserved															
Reset	0	0	0	0	0	0	0	0	0	0	0	0	0	0	0	0

Bit	15	14	13	12	11	10	9	8	7	6	5	4	3	2	1	0
R W	Reserved											SION	MUX_MODE			
Reset	0	0	0	0	0	0	0	0	0	0	0	0	0	1	0	1

IOMUXC_SW_MUX_CTL_PAD_GPIO1_IO00 field descriptions

Field	Description
31–5 -	This field is reserved. Reserved
4 SION	Software Input On Field. Force the selected mux mode Input path no matter of MUX_MODE functionality. 1 **ENABLED** — Force input path of pad GPIO1_IO00 0 **DISABLED** — Input Path is determined by functionality
MUX_MODE	MUX Mode Select Field. Select 1 of 9 iomux modes to be used for pad: GPIO1_IO00. 0000 **ALT0** — Select mux mode: ALT0 mux port: I2C2_SCL of instance: i2c2 0001 **ALT1** — Select mux mode: ALT1 mux port: GPT1_CAPTURE1 of instance: gpt1 0010 **ALT2** — Select mux mode: ALT2 mux port: ANATOP_OTG1_ID of instance: anatop 0011 **ALT3** — Select mux mode: ALT3 mux port: ENET1_REF_CLK1 of instance: enet1 0100 **ALT4** — Select mux mode: ALT4 mux port: MQS_RIGHT of instance: mqs 0101 **ALT5** — Select mux mode: ALT5 mux port: GPIO1_IO00 of instance: gpio1 0110 **ALT6** — Select mux mode: ALT6 mux port: ENET1_1588_EVENT0_IN of instance: enet1 0111 **ALT7** — Select mux mode: ALT7 mux port: SRC_SYSTEM_RESET of instance: src 1000 **ALT8** — Select mux mode: ALT8 mux port: WDOG3_WDOG_B of instance: wdog3

图 5-5　IOMUXC_SW_MUX_CTL_PAD_GPIO1_IO00 寄存器结构及配置说明

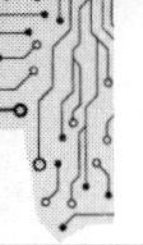

从图5-5可以看到，名为IOMUXC_SW_MUX_CTL_PAD_GPIO1_IO00 的寄存器，其地址为0X020E005C，这个寄存器是32位的，但是只用到了低5位，其中bit0～bit3（MUX_MODE）是设置GPIO1_IO00的复用功能的。GPIO1_IO00一共可以复用为 9 种功能 IO，分别对应 ALT0～ALT8，其中ALT5作为 GPIO1_IO00。

GPIO是一个IO口众多复用功能中的一种。例如，GPIO1_IO00这个IO口可以复用为I2C2_SCL、GPT1_CAPTURE1、ANATOP_OTG1_ID、ENET1_REF_CLK、MQS_RIGHT、GPIO1_IO00、ENET1_1588_EVENT0_IN、SRC_SYSTEM_RESET 和 WDOG3_WDOG_B 这9种功能。

以IOMUXC_SW_MUX_CTL_PAD_GPIO1_IO00为例，若低四位为0101，即选择ALT5，则该IO复用为GPIO1。

5.2.2.2 I.MX6U的IO引脚参数配置

通过配置IOMUXC_SW_PAD_CTL_PAD_xx_xx寄存器来指定IO的上下拉、速度等。

如图5-6所示，寄存器 IOMUXC_SW_PAD_CTL_PAD_GPIO1_IO00是用来配置GPIO1_IO00的，各个位的含义如下。

SW_PAD_CTL_PAD_GPIO1_IO00 SW PAD Control Register (IOMUXC_SW_PAD_CTL_PAD_GPIO1_IO00)

SW_PAD_CTL Register

Address: 20E_0000h base + 2E8h offset = 20E_02E8h

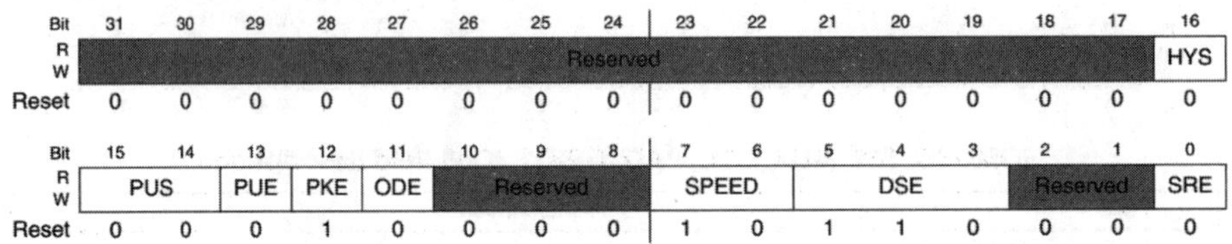

Bit	31	30	29	28	27	26	25	24	23	22	21	20	19	18	17	16
R/W	Reserved															HYS
Reset	0	0	0	0	0	0	0	0	0	0	0	0	0	0	0	0

Bit	15	14	13	12	11	10	9	8	7	6	5	4	3	2	1	0
R/W	PUS		PUE	PKE	ODE	Reserved			SPEED		DSE			Reserved		SRE
Reset	0	0	0	1	0	0	0	0	1	0	1	1	0	0	0	0

IOMUXC_SW_PAD_CTL_PAD_GPIO1_IO00 field descriptions

Field	Description
31–17 -	This field is reserved. Reserved
16 HYS	Hyst. Enable Field Select one out of next values for pad: GPIO1_IO00 0 **HYS_0_Hysteresis_Disabled** — Hysteresis Disabled 1 **HYS_1_Hysteresis_Enabled** — Hysteresis Enabled
15–14 PUS	Pull Up / Down Config. Field Select one out of next values for pad: GPIO1_IO00 00 **PUS_0_100K_Ohm_Pull_Down** — 100K Ohm Pull Down 01 **PUS_1_47K_Ohm_Pull_Up** — 47K Ohm Pull Up 10 **PUS_2_100K_Ohm_Pull_Up** — 100K Ohm Pull Up 11 **PUS_3_22K_Ohm_Pull_Up** — 22K Ohm Pull Up

图 5-6 IOMUXC_SW_PAD_CTL_PAD_ GPIO1_IO00 寄存器结构及配置说明

HYS（bit16）：用来使能迟滞比较器，当IO作为输入功能时有效，用于设置输入接收器的施密特触发器是否使能。如果需要对输入波形进行整形，可以使能此位。此位为0时禁止迟滞比较器，为1时使能迟滞比较器。

PUS（bit15: 14）：用来设置上下拉电阻，一共有四种选项可以选择。

PUE（bit13）：当IO作为输入的时候，这个位用来设置IO使用上下拉还是状态保持器。当为0时使用状态保持器，当为1时使用上下拉。状态保持器在IO作为输入的时候才有用，即当外部电路断电以后此IO口可以保持住断电前的状态。

PKE（bit12）：用来使能或者禁止上下拉/状态保持器功能，为0 时禁止上下拉和状态保持器，为 1 时使能上下拉和状态保持器。

ODE（bit11）：当IO作为输出的时候，此位用来禁止或者使能开路输出，此位为 0 时禁止开路输出，此位为 1 时使能开路输出。

SPEED（bit7: 6）：当IO用作输出的时候，此位用来设置IO速度。

DSE（bit5: 3）：当IO用作输出的时候，此位用来设置 IO 的驱动能力。

SRE（bit0）：设置压摆率，此位为0时是低压摆率，为1时是高压摆率。这里的压摆率就是IO电平跳变所需要的时间，比如从0到 1需要多少时间，时间越少波形越陡，压摆率就越高；反之，时间越多波形越缓，压摆率就越低。

5.2.3 i.MX6U GPIO配置

当IO用作GPIO时，GPIO的配置寄存器有8个，分别为DR、DGIR、PSR、ICR1、ICR2、EDGE_SEL、IMR、ISR，这些寄存器可分为两组：一组用于IO状态配置，一组用于IO中断配置，如图5-3左上角部分所示的GPIO框图。

其中 DR 寄存器是数据寄存器，其结构如图5-7所示。

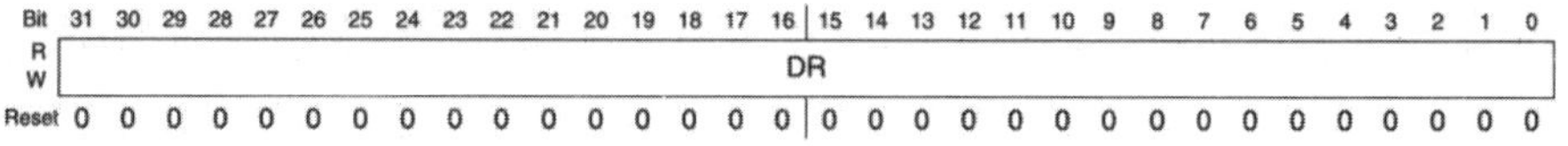

GPIOx_DR field descriptions

Field	Description
DR	Data bits. This register defines the value of the GPIO output when the signal is configured as an output (GDIR[n]=1). Writes to this register are stored in a register. Reading GPIO_DR returns the value stored in the register if the signal is configured as an output (GDIR[n]=1), or the input signal's value if configured as an input (GDIR[n]=0). **NOTE:** The I/O multiplexer must be configured to GPIO mode for the GPIO_DR value to connect with the signal. Reading the data register with the input path disabled always returns a zero value.

图 5-7　DR 寄存器结构

DR寄存器是32位的，由于一个GPIO组最大只有32个IO，因此DR寄存器中的每个位都对应一个GPIO。当GPIO被配置为输出功能后，向指定的位写入数据，相应的IO口就会输出相应的电平。例如GPIO1.DR=1，则 GPIO1_IO00 输出高电平；反之亦

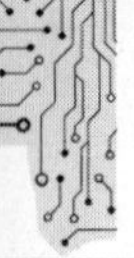

然。当 GPIO被配置为输入模式后，此寄存器就保存着对应IO口的引脚电平值，每个位对应一个GPIO。例如，当GPIO1_IO00引脚接地时， GPIO1.DR的bit0就是0。

GDIR是方向寄存器，用来设置某个GPIO口的输入/输出方向，其结构如图5-8所示。

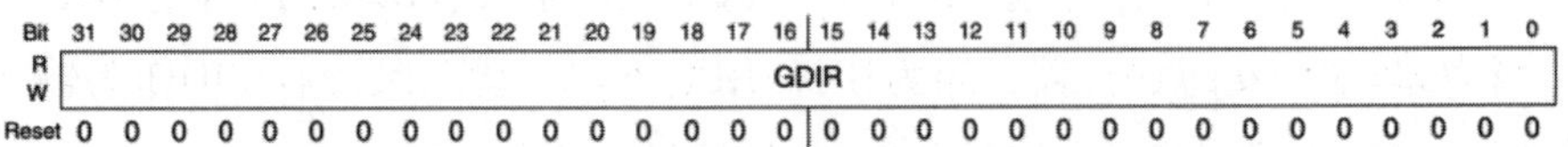

GPIOx_GDIR field descriptions

Field	Description
GDIR	GPIO direction bits. Bit n of this register defines the direction of the GPIO[n] signal. **NOTE:** GPIO_GDIR affects only the direction of the I/O signal when the corresponding bit in the I/O MUX is configured for GPIO. 0 **INPUT** — GPIO is configured as input. 1 **OUTPUT** — GPIO is configured as output.

图 5-8 GDIR 寄存器结构

PSR是状态寄存器，并且是只读寄存器，其结构如图5-9所示。

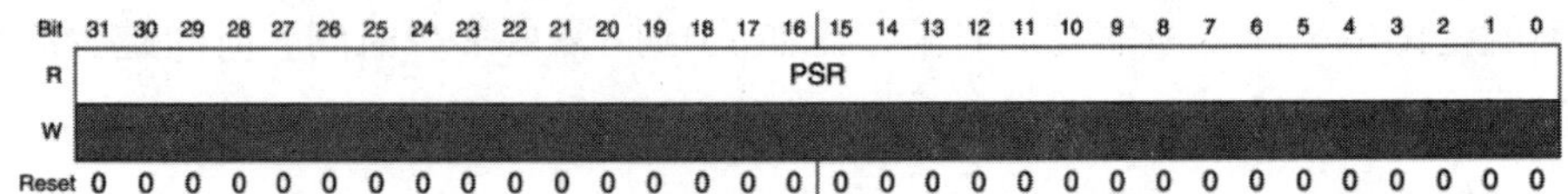

GPIOx_PSR field descriptions

Field	Description
PSR	GPIO pad status bits (status bits). Reading GPIO_PSR returns the state of the corresponding input signal. Settings: **NOTE:** The IOMUXC must be configured to GPIO mode for GPIO_PSR to reflect the state of the corresponding signal.

图 5-9 PSR 寄存器结构

同样的，PSR寄存器中的每个位都对应在一个GPIO，读取相应的位即可获取对应的GPIO 的状态，也就是GPIO的高低电平值。其功能与输入状态下的DR寄存器相同。

ICR1和ICR2这两个寄存器都是中断控制寄存器，ICR1用于配置低16个GPIO，ICR2用于配置高16个GPIO。ICR1寄存器结构如图5-10所示。

Bit	31	30	29	28	27	26	25	24	23	22	21	20	19	18	17	16
R W	ICR15		ICR14		ICR13		ICR12		ICR11		ICR10		ICR9		ICR8	
Reset	0	0	0	0	0	0	0	0	0	0	0	0	0	0	0	0

Bit	15	14	13	12	11	10	9	8	7	6	5	4	3	2	1	0
R W	ICR7		ICR6		ICR5		ICR4		ICR3		ICR2		ICR1		ICR0	
Reset	0	0	0	0	0	0	0	0	0	0	0	0	0	0	0	0

GPIOx_ICR1 field descriptions

Field	Description
31–30 ICR15	Interrupt configuration 1 fields. This register controls the active condition of the interrupt function for GPIO interrupt 15. Settings: Bits ICRn[1:0] determine the interrupt condition for signal n as follows: 00 **LOW_LEVEL** — Interrupt n is low-level sensitive. 01 **HIGH_LEVEL** — Interrupt n is high-level sensitive. 10 **RISING_EDGE** — Interrupt n is rising-edge sensitive. 11 **FALLING_EDGE** — Interrupt n is falling-edge sensitive.

图 5-10　ICR1 寄存器结构

ICR1用于IO0～15的配置， ICR2用于IO16～31的配置。ICR1寄存器中一个GPIO用两个位，这两个位用来配置中断的触发方式，与STM32的中断类似，可配置的触发方式如表5-2所示。

表 5-2　中断触发配置

位设置	触发方式
00	低电平触发
01	高电平触发
10	上升沿触发
11	下降沿触发

以GPIO1_IO15为例，如果要设置GPIO1_IO15为上升沿触发中断，那么GPIO1.ICR1=2<<30；如果要设置GPIO1的IO16～31，就需要设置ICR2寄存器了。

IMR是中断屏蔽寄存器，如图5-11所示。

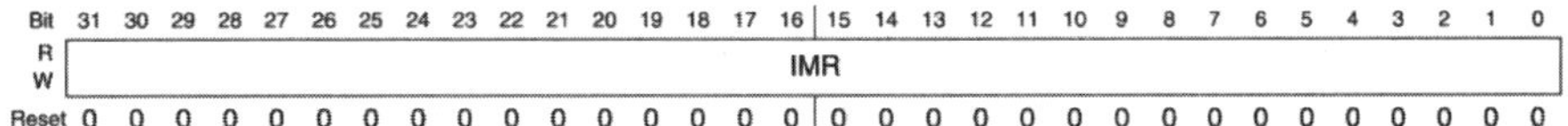

GPIOx_IMR field descriptions

Field	Description
IMR	Interrupt Mask bits. This register is used to enable or disable the interrupt function on each of the 32 GPIO signals. Settings: Bit IMR[n] (n=0...31) controls interrupt n as follows: 0 **UNMASKED** — Interrupt n is disabled. 1 **MASKED** — Interrupt n is enabled.

图 5-11　IMR 寄存器结构

IMR寄存器的每个位对应一个GPIO，用来控制GPIO的中断禁止和使能。如果使能某个GPIO的中断，那么设置相应的位为1即可；如果要禁止某个中断，那么就设置

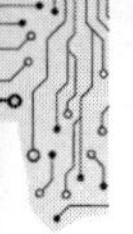

相应的位为0即可。例如，要使能GPIO1_IO00的中断，设置 GPIO1.MIR=1即可。

寄存器 ISR是中断状态寄存器，其结构如图5-12所示。

Bit	31	30	29	28	27	26	25	24	23	22	21	20	19	18	17	16	15	14	13	12	11	10	9	8	7	6	5	4	3	2	1	0
R	ISR																															
W	w1c																															
Reset	0	0	0	0	0	0	0	0	0	0	0	0	0	0	0	0	0	0	0	0	0	0	0	0	0	0	0	0	0	0	0	0

GPIOx_ISR field descriptions

Field	Description
ISR	Interrupt status bits - Bit n of this register is asserted (active high) when the active condition (as determined by the corresponding ICR bit) is detected on the GPIO input and is waiting for service. The value of this register is independent of the value in GPIO_IMR. When the active condition has been detected, the corresponding bit remains set until cleared by software. Status flags are cleared by writing a 1 to the corresponding bit position.

图 5-12　ISR 寄存器结构

ISR寄存器的每个位对应一个GPIO，只要某个GPIO的中断发生，那么ISR中相应的位就会被置 1。因此可以通过读取ISR寄存器来判断GPIO中断是否发生，也就是说，ISR寄存器中的这些位就是中断标志位。

当处理完中断以后，必须清除中断标志位，清除的方法是将 ISR中的相应位置1。

EDGE_SEL寄存器是边沿选择寄存器，其结构如图5-13所示。

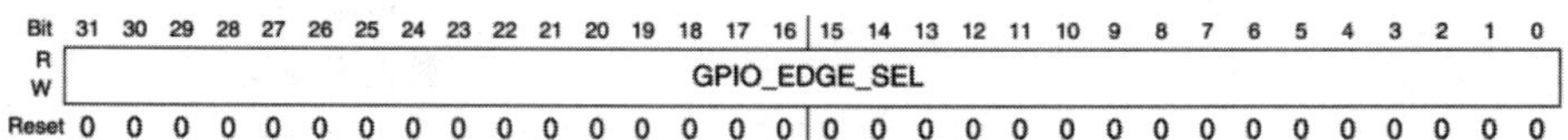

GPIOx_EDGE_SEL field descriptions

Field	Description
GPIO_EDGE_SEL	Edge select. When GPIO_EDGE_SEL[*n*] is set, the GPIO disregards the ICR[*n*] setting, and detects any edge on the corresponding input signal.

图 5-13　EDGE_SEL 寄存器结构

EDGE_SEL寄存器用来设置边沿中断，这个寄存器会覆盖ICR1和ICR2的设置，同样是一个位对应一个GPIO。如果相应的位被置1，那么就相当于设置了对应的GPIO是上升沿和下降沿（双边沿）触发。例如，设置GPIO1.EDGE_SEL=1，就表示GPIO1_IO01是双边沿触发中断，无论GFPIO1_CR1设置为什么，都是双边沿触发。

5.3　通用异步收 / 发器（UART）

i.MX6ULL共有8个UART，其主要特性如下：

（1）兼容 TIA/EIA-232F 标准，速度最高可达 5Mb/s。

（2）支持串行 IR 接口，兼容 IrDA，速度最高可达 115.2Kb/s。

（3）支持9位或者多节点模式（RS-485）。

（4）有1位或2位停止位。

（5）可编程的奇偶校验（奇校验和偶校验）。

（6）自动波特率检测（最高支持115.2Kb/s）。

UART的时钟源是由寄存器CCM_CSCDR1的UART_CLK_SEL（bit）位来选择的，当其为0时UART的时钟源为pll3_80m（80MHz），为1时 UART 的时钟源为 osc_clk（24M），一般选择pll3_80m作为UART的时钟源。寄存器CCM_CSCDR1的 UART_CLK_PODF（bit5：0）位是UART 的时钟分频值，可设置为0～63，分别对应1～64分频，一般设置为1分频，因此最终进入UART的时钟为80MHz。

UART的第一个重要寄存器是控制寄存器1，即UARTx_UCR1（x=1～8），此寄存器的结构如图5-14所示。

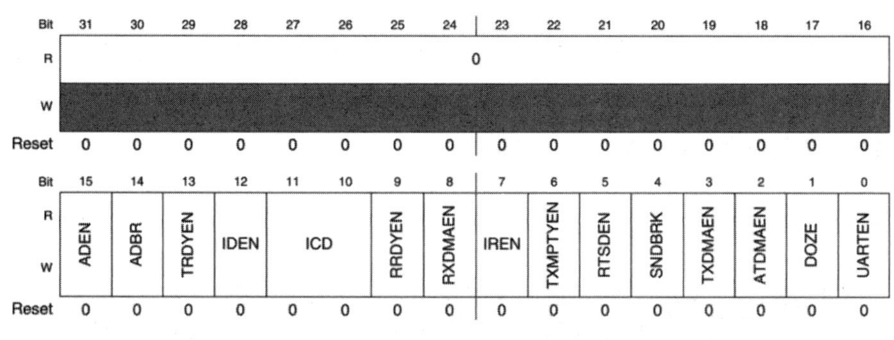

图 5-14　寄存器 UARTx_UCR1 结构

寄存器UARTx_UCR1用到的重要位如下。

ADBR（bit14）：自动波特率检测使能位，为0时关闭自动波特率检测，为1时使能自动波特率检测。

UARTEN（bit0）：UART使能位，为0时关闭UART，为1时使能UART。

UART的第二个重要寄存器是控制寄存器2，即UARTx_UCR2，此寄存器结构如图5-15所示。

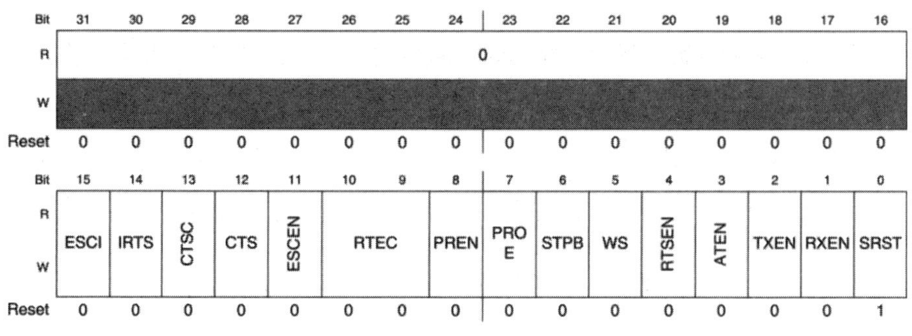

图 5-15　寄存器 UARTx_UCR2 结构

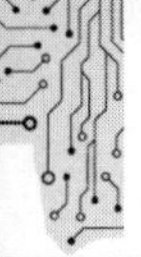

寄存器 UARTx_UCR2 用到的重要位如下。

IRTS（bit14）：为0时使用RTS引脚功能，为1时忽略 RTS 引脚。

PREN（bit8）：奇偶校验使能位，为0时关闭奇偶校验，为1时使能奇偶校验。

PROE（bit7）：奇偶校验模式选择位，开启奇偶校验以后此位如果为0就使能偶校验，如果为1就使能奇校验。

STOP（bit6）：停止位数量，为0时有1位停止位，为1时有2位停止位。

WS（bit5）：数据位长度，为0时选择7位数据位，为1时选择8位数据位。

TXEN（bit2）：发送使能位，为0时关闭UART 的发送功能，为1时打开UART 的发送功能。

RXEN（bit1）：接收使能位，为0时关闭UART的接收功能，为1时打开UART 的接收功能。

SRST（bit0）：软件复位，为0时表示软件复位UART，为1时表示复位完成。复位完成后此位会自动置1，表示复位完成。此位只能写0，写1会被忽略。

UARTx_UCR3寄存器结构如图5-16所示。

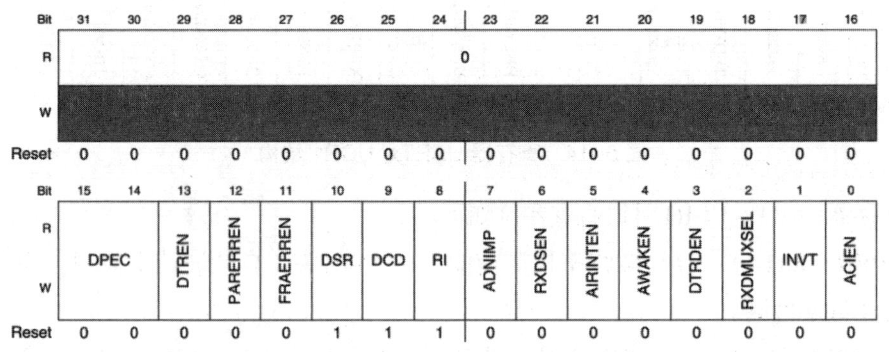

图 5-16 UARTx_UCR3 寄存器结构

寄存器 UARTx_USR2是UART的状态寄存器 2，其结构如下图5-17所示。

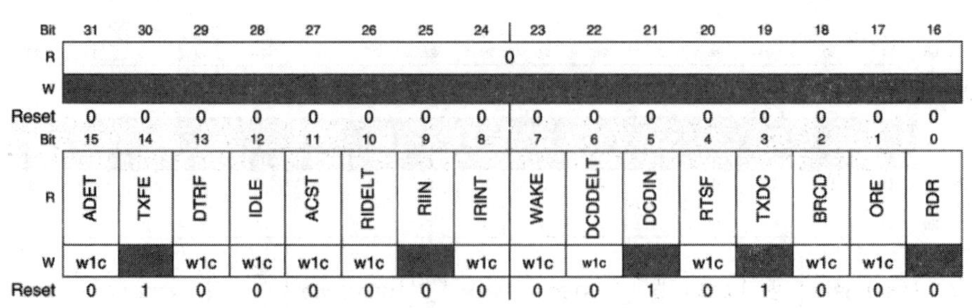

图 5-17 寄存器 UARTx_USR2 结构

寄存器UARTx_USR2用到的重要位如下。

TXDC（bit3）：发送完成标志位，为1时表示发送缓冲（TxFIFO）和移位寄存器为空，也就是发送完成，向 TxFIFO 写入数据此位就会自动清零。

RDR（bit0）：数据接收标志位，为1时表示至少接收到一个数据，从寄存器UARTx_URXD 读取数据，接收到数据后，此位会自动清零。

接下来看一下寄存器UARTx_UFCR、UARTx_UBIR和UARTx_UBMR。

寄存器UARTx_UFCR 中要用到的是位RFDIV（bit9：7），用来设置参考时钟分频，分频值设置如表5-3所示。

表 5-3　RFDIV 分频表

RFDIV（bit9：7）	分频值
000	6
001	5
010	4
011	3
100	2
101	1
110	7
111	保留

通过 UARTx_UFCR 的RFDIV、UARTx_UBMR和 UARTx_UBIR这三者的配合，即可得到我们想要的波特率。

Ref Freq：经过分频以后进入UART的最终时钟频率。

UBMR：寄存器UARTx_UBMR中的值。

UBIR：寄存器UARTx_UBIR中的值。

通过这三个寄存器可以设置UART的波特率，计算公式如下：

$$\text{Baud Rate} = \frac{\text{Ref Freq}}{16 \times (\text{UBMR}+1) / (\text{UBIR}+1)} \tag{5-1}$$

比如现在要设置UART波特率为115200，那么可以设置RFDIV5（0b101），也就是1分频，因此RefFreq=80MHz。设置UBIR=71，UBMR=3124，根据上面的公式可以得到：

$$\text{Baud Rate} = \frac{\text{Ref Freq}}{(16 \times \frac{\text{UBMR}+1}{\text{UBIR}+1})} = \frac{80000000}{(16 \times \frac{3124+1}{71+1})} = 11520$$

寄存器UARTx_URXD和UARTx_UTXD是 UART的接收和发送数据寄存器，这两个寄存器的低八位分别为接收到的和要发送的数据，读取寄存器UARTx_URXD即可获取接收到的数据。如果要通过UART 发送数据，直接将数据写入寄存器UARTx_UTXD即可。

5.4 案例设计

5.4.1 案例1：LED灯程序设计

5.4.1.1 功能要求

（1）硬件：利用i.MX6U-ALPHA的I/O接口实现LED指示灯的控制电路。

（2）软件：完成I/O引脚相关寄存器配置及初始化，使用汇编语言编写LED指示灯亮灭的控制程序，了解汇编语言程序结构。

（3）利用arm-linux-gcc编译程序，将编译结果复制到ISRAM中运行。

5.4.1.2 硬件原理分析

i.MX6U-ALPHA 开发板上有一个 LED 灯，其原理如图5-18所示。

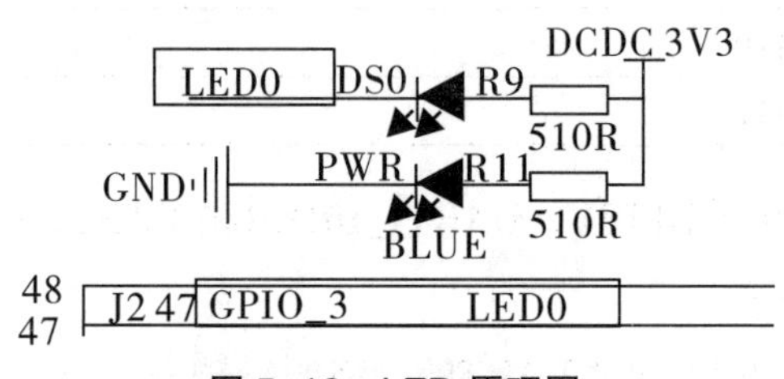

图 5-18 LED 原理图

从图中可以看出，LED0接到了GPIO_3上，GPIO_3就是GPIO1_IO03，当GPIO1_IO03输出低电平（0）时，发光二极管LED0就会导通点亮，当GPIO1_IO03输出高电平（1）时发光二极管LED0不会导通，因此LED0也就不会点亮。因此，LED0的亮灭取决于GPIO1_IO03的输出电平，输出0时亮，输出1时灭。

5.4.1.3 实验程序编写

根据前面的描述，需要对GPIO1_IO03做如下设置。

（1）使能GPIO1时钟。

GPIO1时钟由CCM_CCGR1的bit27和bit26这两个位控制，将这两个位都设置为11即可。

（2）设置GPIO1_IO03的复用功能。

找到GPIO1_IO03的复用寄存器“IOMUXC_SW_MUX_CTL_PAD_GPIO1_IO03”的地址为0X020E0068，然后设置此寄存器，将GPIO1_IO03的IO复用为GPIO功能，也就是ALT5。

（3）配置GPIO1_IO03。

找到GPIO1_IO03的配置寄存器“IOMUXC_SW_PAD_CTL_PAD_GPIO1_IO03”的

地址为0X020E02F4，根据实际使用情况配置此寄存器。

（4）设置GPIO。

至此已经将GPIO1_IO03复用为GPIO功能，下面需要配置GPIO。找到GPIO3对应的 GPIO组寄存器的地址，如图5-19所示。

20A_4000	GPIO data register (GPIO3_DR)	32	R/W	0000_0000h	26.5.1/1155
20A_4004	GPIO direction register (GPIO3_GDIR)	32	R/W	0000_0000h	26.5.2/1156
20A_4008	GPIO pad status register (GPIO3_PSR)	32	R	0000_0000h	26.5.3/1156
20A_400C	GPIO interrupt configuration register1 (GPIO3_ICR1)	32	R/W	0000_0000h	26.5.4/1157
20A_4010	GPIO interrupt configuration register2 (GPIO3_ICR2)	32	R/W	0000_0000h	26.5.5/1161
20A_4014	GPIO interrupt mask register (GPIO3_IMR)	32	R/W	0000_0000h	26.5.6/1164
20A_4018	GPIO interrupt status register (GPIO3_ISR)	32	w1c	0000_0000h	26.5.7/1165
20A_401C	GPIO edge select register (GPIO3_EDGE_SEL)	32	R/W	0000_0000h	26.5.8/1166

图 5-19　GPIO3 对应的 GPIO 寄存器地址

本例中GPIO1_IO03是作为输出使用的，因此GPIO3_GDIR的bit3要设置为1，表示输出。

（5）控制GPIO的输出电平。

经过前面几步，GPIO1_IO03已经配置好了，只需要向GPIO3_DR寄存器的bit3写入 0 即可控制GPIO1_IO03输出低电平，打开LED，向bit3写入1可控制GPIO1_IO03输出高电平，关闭LED。

新建一个名为“1_leds”的文件夹，然后在“1_leds”这个目录下新建一个名为“led.s”的汇编文件。

5.4.1.3.1　汇编程序编写

（1）led.s编写。

在led.s中输入如下代码（开发板配套源码01_leds）：

```
.global _start /* 全局标号 */
/*
描述：start函数，程序从此函数开始执行。此函数完成时钟使能、
GPIO初始化、最终控制GPIO输出低电平来点亮LED灯。
*/
_start :
/*例程代码*/
/* 1. 使能所有时钟 */
ldr r0，=0X020C4068          /*寄存器CCGRO */
ldr r1，=0XFFFFFFFF
str r1，［r0］
```

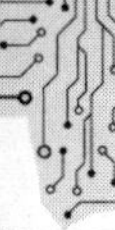


```
ldr r0, =0X020C406C      /* 寄存器 CCGR1 */
str r1, [r0]
ldr r0, =0X020C4070      /*寄存器CCGR2 */
str rl, [r0]
ldr r0, =0X020C4074      /*寄存器CCGR3 */
str r1, [r0]
ldr r0, =0X020C4078      /*寄存器CCGR4 */
str r1, [r0]
ldr r0, =0X020C407C      /*寄存器CCGR5 */
str r1, [r0]
ldr r0, =0X020C4080      /* 寄存器 CCGR6 */
str r1, [r0]
/* 2. 设置GPIO1_IO03复用为GPIO1_IO03 */
ldr r0, =0X020E0068 /*将寄存器SW_MUX_GPIO1_I003_BASE加载到r0中*/
ldr rl, =0X5/*设置寄存器SW_MUX_GPIO1_I003_BASE的MUX_MODE为5 */
str r1, [r0]
/* 3. 配置GPIO1_IO03的IO属性
*bit 16: 0 HYS 关闭
*bit [15: 14]: 00默认下拉
*bit [13]: 0 keeper 失能
*bit [12]: 1 pull/keeper 使能
*bit [11]: 0关闭开路输出
*bit [7: 6]: 10速度1 00MHz
*bit [5: 3]:
110 R0/6 驱动能力
*bit [0]: 0低转换率
*/
ldr r0, =0X020E02F4/*寄存器SW_PAD_GPIO1_1003_BASE */
ldr r1, =0X10B0
str r1, [r0]
/* 4. 设置GPIO1_IO03为输出*/
ldr r0, =0X0209C004 / *寄存器GPIO1_GDIR */
ldr rl, =0X0000008
str r1, [r0]
```

```
46: /* 5. 打开LED0设置GPIO1 IO03 输出低电平*/
47: ldr r0, =0X0209C000 /*寄存器GPIO1_DR */
48: ldr r1, =0
49: str r1, [r0]
50: /*描述: loop死循环*/
51: loop:
52: b loop
```

第 1行定义了一个全局标号_start，表示代码是从_start 这个标号开始顺序往下执行。

第9行使用 ldr 指令向寄存器r0写入0X020C4068，也就是r0=0X020C4068，这是CCM_CCGR0寄存器的地址。

第10行使用ldr指令向寄存器r1写入0XFFFFFFFF，也就是r1=0XFFFFFFFF。因为我们要开启所有的外设时钟，所以CCM_CCGR0~CCM_CCGR6所有的寄存器都要置1，也就是写入0XFFFFFFFF。

第13行使用str将r1中的值写入r0所保存的地址中去，也就是给0X020C4068这个地址写入0XFFFFFFFF，相当于CCM_CCGR0=0XFFFFFFFF，就是打开CCM_CCGR0 寄存器所控制的所有外设时钟。

第 15~23 行都是向CCM_CCGRX（X=1~6）寄存器写入0XFFFFFFFF。这样就可以通过汇编代码使能i.MX6U的所有外设时钟。

第25~27行是设置GPIO1_IO03的复用功能，GPIO1_IO03的复用寄存器地址为0X020E0068，寄存器IOMUXC_SW_MUX_CTL_PAD_GPIO1_IO03的MUX_MODE设置为5就是将GPIO1_IO03设置为GPIO。

第39~41行是设置GPIO1_IO03的配置寄存器，也就是寄存器IOMUX_SW_PAD_CTL_PAD_GPIO1_IO03的值，此寄存器地址为0X020E02F4，代码中已经给出了这个寄存器详细的位设置。

经过上面几步操作，GPIO1_IO03这个IO已经被配置为GPIO功能，接下来还需要设置与GPIO有关的寄存器。

第43~45行是设置GPIO1->GDIR寄存器，将 GPIO1_IO03设置为输出模式，也就是寄存器的GPIO1_GDIR的bit3置1。

第47~49行设置GPIO1->DR寄存器，也就是设置GPIO1_IO03的输出，我们要点亮开发板上的LED0，那么GPIO1_IO03就必须输出低电平，因此这里设置GPIO1_DR寄存器为0。

第51~52行是死循环，通过b指令，CPU重复不断地跳到loop函数执行。

（2）Makefile文件编写。

```
led.bin: led.s
    arm-linux-gnueabihf-gcc -g -c led.s -o led.o
    arm-linux-gnueabihf-ld -Ttext 0X87800000 led.o -o led.elf
    arm-linux-gnueabihf-objcopy -O binary -S -g led.elf led.bin
    arm-linux-gnueabihf-objdump -D led.elf > led.dis
clean:
    rm -rf *.o led.bin led.elf led.dis
```

5.4.1.3.2 C程序编写

实际工作中很少会用到汇编语言去编写嵌入式驱动程序的，大部分情况下还是使用C语言编写。但是需要在程序的开始部分用汇编语言来初始化C语言环境，比如初始化DDR、设置堆栈指针SP等。当这些工作都做完以后就可以进入C语言环境，运行C语言代码，一般都是进入main函数。因此有两组文件需要完成：

① 汇编文件。汇编文件只是用来完成C语言运行环境的搭建。② C语言文件。C语言文件完成程序功能。

假设工程名字为“ledc”，新建三个文件：start.S、main.c和main.h。其中start.S是汇编文件，main.c和main.h 是C语言相关文件（开发板配套例程为ledc）。

（1）汇编语言部分实验程序start.S编写。

```
.global _start  /* 全局标号 */
/* 描述：_start函数，程序从该函数开始执行，该函数的主要功能是设置C语言运行环境。*/
_start:
    /* 进入SVC模式 */
    mrs r0, cpsr
    bic r0, r0, #0x1f        /* 将r0寄存器中的低5位清零，也就是CPSR的M0~M4*/
    orr r0, r0, #0x13        /* r0或上0x13，表示使用SVC模式*/
    msr cpsr, r0             /*将r0 的数据写入cpsr_c中*/
    ldr sp, =0X80200000      /*设置堆栈指针*/
    b main                   /* 跳转到main函数*/
```

注意：上述程序中没有初始化DDR3的代码，因为镜像文件的DCD数据包含了DDR配置参数，i.MX6U内部的boot ROM会读取DCD数据中的DDR配置参数，然后完成DDR初始化。

（2）main.h编写。

```
#ifndef __MAIN_H
#define __MAIN_H
```

```
/************************************
描述：时钟GPIO1_IO03相关寄存器地址定义。
************************************/
/* * CCM相关寄存器地址*/
#define CCM_CCGR0      *((volatile unsigned int*) 0X020C4068)
#define CCM_CCGR1      *((volatile unsigned int*) 0X020C406C)
#define CCM_CCGR2      *((volatile unsigned int*) 0X020C4070)
#define CCM_CCGR3      *((volatile unsigned int*) 0X020C4074)
#define CCM_CCGR4      *((volatile unsigned int*) 0X020C4078)
#define CCM_CCGR5      *((volatile unsigned int*) 0X020C407C)
#define CCM_CCGR6      *((volatile unsigned int*) 0X020C4080)

/*  * IOMUX相关寄存器地址*/
#define SW_MUX_GPIO1_IO03   *((volatile unsigned int*) 0X020E0068)
#define SW_PAD_GPIO1_IO03   *((volatile unsigned int*) 0X020E02F4)

/*  n* GPIO1相关寄存器地址*/
#define GPIO1_DR       *((volatile unsigned int*) 0X0209C000)
#define GPIO1_GDIR     *((volatile unsigned int*) 0X0209C004)
#define GPIO1_PSR      *((volatile unsigned int*) 0X0209C008)
#define GPIO1_ICR1     *((volatile unsigned int*) 0X0209C00C)
#define GPIO1_ICR2     *((volatile unsigned int*) 0X0209C010)
#define GPIO1_IMR      *((volatile unsigned int*) 0X0209C014)
#define GPIO1_ISR      *((volatile unsigned int*) 0X0209C018)
#define GPIO1_EDGE_SEL      *((volatile unsigned int*) 0X0209C01C)
#endif
```

（3）C语言部分实验程序main.c编写。

```
#include "main.h"

/*使能i.MX6U所有外设时钟 */
void clk_enable（void）
{
    CCM_CCGR0 = 0xffffffff;
    CCM_CCGR1 = 0xffffffff;
```

```
    CCM_CCGR2 = 0xffffffff;
    CCM_CCGR3 = 0xffffffff;
    CCM_CCGR4 = 0xffffffff;
    CCM_CCGR5 = 0xffffffff;
    CCM_CCGR6 = 0xffffffff;
}

/*  初始化LED对应的GPIO  */
void led_init (void)
{
    /* 1. 初始化IO复用 */
    SW_MUX_GPIO1_IO03 = 0x5;        /* 复用为GPIO1_IO03 */

    /* 2. 配置GPIO1_IO03的IO属性
    *bit 16: 0 HYS关闭
    *bit [15: 14]: 00 默认下拉
    *bit [13]: 0 keeper失能
    *bit [12]: 1 pull/keeper使能
    *bit [11]: 0 关闭开路输出
    *bit [7: 6]: 10 速度100MHz
    *bit [5: 3]: 110 R0/6驱动能力
    *bit [0]: 0 低转换率
    */
    SW_PAD_GPIO1_IO03 = 0X10B0;
    /* 3. 初始化GPIO */
    GPIO1_GDIR = 0X0000008;         /* GPIO1_IO03设置为输出 */
    /* 4. 设置GPIO1_IO03输出低电平，打开LED0 */
    GPIO1_DR = 0X0;
}

/* * @description: 打开LED灯 */
void led_on (void)
{
    GPIO1_DR &= ~ (1<<3);           // * 将GPIO1_DR的bit3清零*/
```

```
}

/* 关闭LED灯 */
void led_off ( void )
{
    GPIO1_DR |= （1<<3）;              // 将GPIO1_DR的bit3置1
}

/* 短时间延时函数 */
void delay_short ( volatile unsigned int n )
{
    while ( n-- ) {}
}

/*
 *: 延时函数，在396MHz的主频下
 * 延时时间大约为1ms
 * - n                        : 要延时的ms数
*/
void delay ( volatile unsigned int n )
{
    while ( n-- )
    {
                              delay_short ( 0x7ff ) ;
    }
}

int main ( void )
{
    clk_enable ( ) ;                  /* 使能所有的时钟*/
    led_init ( ) ;                    /* 初始化led*/
    while ( 1 )                       /* 死循环*/
    {
      led_off ( ) ;                   /* 关闭LED*/
```

```
        delay（500）;                    /* 延时大约500ms*/

        led_on（）;                      /* 打开LED*/
        delay（500）;                    /* 延时大约500ms*/
    }
    return 0;
}
```

分析：① 当i.MX6U工作在396MHz（boot ROM设置为396MHz）的主频时，delay_short（0x7ff）基本上能够实现大约1ms的延时，所以delay（）函数可以用来完成要求的延时。② 在main函数中先调用函数clk_enable（）和led_init（）来完成时钟使能和LED初始化，最终在while（1）循环中实现LED循环亮灭，亮灭时间大约是 500ms。

（4）链接脚本文件编写。

链接脚本文件描述文件应该如何被链接在一起形成最终的可执行文件。其主要目的是描述输入文件中的段如何被映射到输出文件中，并且控制输出文件中的内存排布，例如编译生成的文件一般都包含 text 段、data 段等。

本例的链接脚本文件要求如下：① 链接起始地址为 0X87800000。② start.o 要被链接到程序最开始的地方，因为 start.o 里面包含第一条要执行的命令。

根据要求，在 Makefile 目录下新建一个名为“imx6ul.lds”的文件，然后在此文件里面输入如下代码：

```
SECTIONS{
    . = 0X87800000;
    .text :
    {
        start.o
        main.o
        *（.text）
    }
    .rodata ALIGN（4）    : {*（.rodata*）}
    .data ALIGN（4）      : {*（.data）}
    __bss_start = .;
    .bss ALIGN（4）       : {*（.bss）   *（COMMON）}
    __bss_end = .;
}
```

（5）Makefile文件编写。

```
1 objs：= start.o main.o
2
3 ledc.bin：$（objs）
4 arm-linux-gnueabihf-ld -Ttext 0X87800000 -o ledc.elf $^
5 arm-linux-gnueabihf-objcopy -O binary -S ledc.elf $@
6 arm-linux-gnueabihf-objdump -D -m arm ledc.elf > ledc.dis
7
8 %.o：%.s
9 arm-linux-gnueabihf-gcc -Wall -nostdlib -c -o $@ $<
10
11 %.o：%.S
12 arm-linux-gnueabihf-gcc -Wall -nostdlib -c -o $@ $<
13
14 %.o：%.c
15 arm-linux-gnueabihf-gcc -Wall -nostdlib -c -o $@ $<
16
17 clean：
18 rm -rf *.o ledc.bin ledc.elf ledc.dis
```

第1行定义了一个变量objs，它包含了要生成ledc.bin所需的材料：start.o和main.o，也就是当前工程下的start.s和 main.c这两个文件编译后的.o文件。这里要注意start.o 一定要放到最前面，因为start.o是最先要执行的文件。

第3行是默认目标，目的是生成最终的可执行文件ledc.bin，ledc.bin依赖start.o和main.o。如果当前工程没有start.o和main.o，就会找到相应的规则去生成start.o和 main.o。比如start.o 是 start.s 文件编译生成的，因此会执行第 8 行的规则。

第4行是使用arm-linux-gnueabihf-ld进行链接，链接起始地址是0X87800000，但是这一行用到了自动变量“$^”，它代表所有依赖文件的集合，在这里就是 objs 这个变量的值：start.o和main.o。链接的时候，start.o要链接到最前面，因为第一行代码就是在start.o里面的，这一行就相当于：

```
arm-linux-gnueabihf-ld -Ttext 0X87800000 -o ledc.elf start.o main.o
```

第5行使用arm-linux-gnueabihf-objcopy将ledc.elf文件转换为ledc.bin，本行也用到了自动变量“$@”，代表目标集合，在这里就是ledc.bin，因此本行就相当于：

```
arm-linux-gnueabihf-objcopy -O binary -S ledc.elf ledc.bin
```

第6行使用arm-linux-gnueabihf-objdump来进行反汇编，生成ledc.dis文件。

第 8~15 行是针对不同的文件类型将其编译成对应的.o文件，比如start.s就会使用

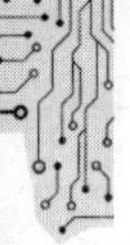

第8行的规则来生成对应的start.o文件。第9行是具体的命令，本行也用到了自动变量“$@”和“$<”，其中“$<”的意思是依赖目标集合的第一个文件。

第17行是工程清理规则，通过命令make clean就可以清理工程。

5.4.1.4　编译下载验证

编译完成后使用软件imxdownload将其下载到SD卡中，命令如下：

```
chmod 777 imxdownload                  //给予imxdownoad可执行权限
./imxdownload ledc.bin /dev/sdd        //下载到 SD 卡中
```

然后将SD卡插到开发板的SD卡槽中，设置拨码开关为SD卡启动， 设置好以后按一下开发板的复位键，如果代码运行正常LED0就会被点亮。

5.4.2　案例2：串行通信设计

5.4.2.1　功能要求

编写两个函数用于 UART1 的数据收发操作。

5.4.2.2　硬件电路

在做实验之前，需要用 USB 串口线将串口 1 和电脑连接起来，并且还需要设置 JP5 跳线帽，将串口 1 的 RXD、TXD两个引脚分别与 P116、P117 连接在一起。

i.MX6U-ALPHA开发板串口1硬件原理图如图5-20所示。

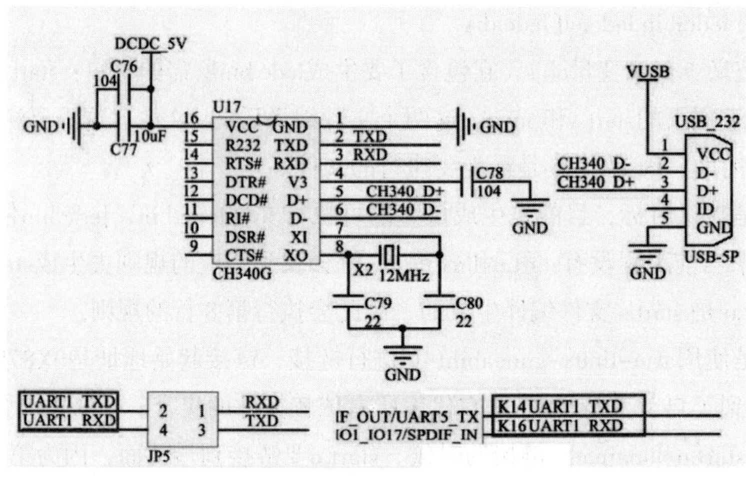

图 5-20　i.MX6U-ALPHA 开发板串口 1 原理图

5.4.2.3　实验程序编写

本节程序采用开发板配套程序13_uart。

新建工程目录uart，其下分别建立目录bsp、imx6ul、obj和project。

在目录bsp/uart里面新建文件bsp_uart.h、bsp_uart.c，分别输入以下内容。

5.4.2.3.1　bsp_uart.h

```
#ifndef _BSP_UART_H
#define _BSP_UART_H
#include "imx6ul.h"
/* 函数声明 */
void uart_init（void）;
void uart_io_init（void）;
void uart_disable（UART_Type *base）;
void uart_enable（UART_Type *base）;
void uart_softreset（UART_Type *base）;
void uart_setbaudrate（UART_Type *base， unsigned int baudrate， unsigned int srcclock_
hz）;
void putc（unsigned char c）;
void puts（char *str）;
unsigned char getc（void）;
void raise（int sig_nr）;

#endif
```

5.4.2.3.2　bsp_uart.c

```
#include "bsp_uart.h"

/*
 * @description  : 初始化串口1，波特率为115200
 * @param        : 无
 * @return       : 无
 */
void uart_init（void）
{
    /* 1. 初始化串口IO*/
    uart_io_init（）;

    /* 2. 初始化UART1*/
    uart_disable（UART1）;      /* 先关闭UART1*/
    uart_softreset（UART1）;    /* 软件复位UART1*/
```

```
    UART1->
UCR1 = 0;                    /* 先清除UCR1寄存器 */

    /*
    * 设置UART的UCR1寄存器，关闭自动波特率
    * bit14：0为关闭自动波特率检测，需自己设置波特率
    */
    UART1->UCR1 &= ~（1<<14）；

    /*
    * 设置UART的UCR2寄存器，设置内容包括字长、停止位、校验模式、关闭RTS
硬件流控
    * bit14：1 忽略RTS引脚
    * bit8：0 关闭奇偶校验
    * bit6：0 1为位停止位
    * bit5：1 8为位数据位
    * bit2：1 打开发送
    * bit1：1 打开接收
    */
    UART1->UCR2 |= （1<<14）|（1<<5）|（1<<2）|（1<<1）；

    /*
    * UART1的UCR3寄存器
    * bit2：1 必须设置为1。参考iMX6ULL参考手册第3624页
    */
    UART1->UCR3 |= 1<<2;

    /*
    * 设置波特率
    * 波特率计算公式：Baud Rate = Ref Freq /（16 *（UBMR + 1）/（UBIR+1））
    * 如果要设置波特率为115200，那么可以使用如下参数：
    * Ref Freq = 80M，也就是寄存器UFCR的bit［9：7］=101，表示1分频
    * UBMR = 3124
```

```
    * UBIR = 71
    * 因此，波特率= 80000000/（16 * （3124+1）/（71+1））=80000000/（16 * 3125/72） = （80000000*72）/（16*3125） = 115200
    */
    UART1->UFCR = 5<<7; //Ref Freq等于ipg_clk/1=80MHz
    UART1->UBIR = 71;
    UART1->UBMR = 3124;

#if 0
    uart_setbaudrate（UART1， 115200， 80000000）； /* 设置波特率 */
#endif

    /* 使能串口 */
    uart_enable（UART1）；
}

/*
* @description  ： 初始化串口1所使用的IO引脚
* @param   ： 无
* @return   ： 无
*/
void uart_io_init（void）
{
    /* 1. 初始化IO复用
     * UART1_RXD -> UART1_TX_DATA
     * UART1_TXD -> UART1_RX_DATA
     */
    IOMUXC_SetPinMux（IOMUXC_UART1_TX_DATA_UART1_TX，0）；   /* 复用为UART1_TX */
    IOMUXC_SetPinMux（IOMUXC_UART1_RX_DATA_UART1_RX，0）；   /* 复用为UART1_RX */

    /* 2. 配置UART1_TX_DATA、UART1_RX_DATA的IO属性
    *bit 16：0 HYS关闭
```

```
    *bit [15: 14]: 00 默认100K下拉
    *bit [13]: 0 keeper失能
    *bit [12]: 1 pull/keeper使能
    *bit [11]: 0 关闭开路输出
    *bit [7: 6]: 10 速度100MHz
    *bit [5: 3]: 110 驱动能力R0/6
    *bit [0]: 0 低转换率
    */
    IOMUXC_SetPinConfig (IOMUXC_UART1_TX_DATA_UART1_TX, 0x10B0);
    IOMUXC_SetPinConfig (IOMUXC_UART1_RX_DATA_UART1_RX, 0x10B0);
}

/*
 * @description          : 波特率计算公式,
 *     可以用此函数计算出指定串口对应的UFCR、
 *     UBIR和UBMR这三个寄存器的值
 * @param - base         : 要计算的串口
 * @param - baudrate     : 要使用的波特率
 * @param - srcclock_hz  : 串口时钟源频率，单位Hz
 * @return               : 无
 */
void uart_setbaudrate (UART_Type *base, unsigned int baudrate, unsigned int srcclock_
hz)
{
    uint32_t numerator = 0u;     //分子
    uint32_t denominator = 0U;  //分母
    uint32_t divisor = 0U;
    uint32_t refFreqDiv = 0U;
    uint32_t divider = 1U;
    uint64_t baudDiff = 0U;
    uint64_t tempNumerator = 0U;
    uint32_t tempDenominator = 0u;

    /* get the approximately maximum divisor */
```

```
    numerator = srcclock_hz;
    denominator = baudrate << 4;
    divisor = 1;

    while (denominator != 0)
    {
        divisor = denominator;
        denominator = numerator % denominator;
        numerator = divisor;
    }

    numerator = srcclock_hz / divisor;
    denominator = (baudrate << 4) / divisor;

    /* numerator ranges from 1 ~ 7 * 64k */
    /* denominator ranges from 1 ~ 64k */
    if ((numerator > (UART_UBIR_INC_MASK * 7)) || (denominator > UART_
UBIR_INC_MASK))
    {
        uint32_t m = (numerator - 1) / (UART_UBIR_INC_MASK * 7) + 1;
        uint32_t n = (denominator - 1) / UART_UBIR_INC_MASK + 1;
        uint32_t max = m > n ? m : n;
        numerator /= max;
        denominator /= max;
        if (0 == numerator)
        {
            numerator = 1;
        }
        if (0 == denominator)
        {
            denominator = 1;
        }
}
divider = (numerator - 1) / UART_UBIR_INC_MASK + 1;
```

```
switch （divider）
{
        case 1:
              refFreqDiv = 0x05;
              break;
        case 2:
              refFreqDiv = 0x04;
              break;
        case 3:
              refFreqDiv = 0x03;
              break;
        case 4:
              refFreqDiv = 0x02;
              break;
        case 5:
              refFreqDiv = 0x01;
              break;
        case 6:
              refFreqDiv = 0x00;
              break;
        case 7:
              refFreqDiv = 0x06;
              break;
        default:
              refFreqDiv = 0x05;
              break;
}
/* Compare the difference between baudRate_Bps and calculated baud rate.
* Baud Rate = Ref Freq / （16 * （UBMR + 1）/（UBIR+1））
* baudDiff = （srcClock_Hz/divider）/（ 16 * （（numerator / divider）/ denominator）
*/
tempNumerator = srcclock_hz;
tempDenominator = （numerator << 4）;
```

```
divisor = 1;
/* get the approximately maximum divisor */
while (tempDenominator != 0)
{
        divisor = tempDenominator;
        tempDenominator = tempNumerator % tempDenominator;
        tempNumerator = divisor;
}
        tempNumerator = srcclock_hz / divisor;
        tempDenominator = (numerator << 4) / divisor;
        baudDiff = (tempNumerator * denominator) / tempDenominator;
        baudDiff = (baudDiff >= baudrate) ? (baudDiff - baudrate) : (baudrate - baudDiff);

        if (baudDiff < (baudrate / 100) * 3)
        {
            base->UFCR &= ~UART_UFCR_RFDIV_MASK;
            base->UFCR |= UART_UFCR_RFDIV(refFreqDiv);
            base->UBIR = UART_UBIR_INC(denominator - 1); //要先写UBIR寄存器，再写UBMR寄存器，参考手册第3592页
            base->UBMR = UART_UBMR_MOD(numerator / divider - 1);
        }
}

/*
 * @description    : 关闭指定的UART
 * @param - base   : 要关闭的UART
 * @return         : 无
 */
void uart_disable(UART_Type *base)
{
        base->UCR1 &= ~(1<<0);
}
```

```
/*
 * @description    ：打开指定的UART
 * @param - base  ：要打开的UART
 * @return         ：无
 */
void uart_enable（UART_Type *base）
{
        base->UCR1 |= （1<<0）；
}

/*
 * @description    ：复位指定的UART
 * @param - base  ：要复位的UART
 * @return         ：无
 */
void uart_softreset（UART_Type *base）
{
    base->UCR2 &= ~（1<<0）；                    /* UCR2的bit0为0，复位UART*/
    while（（base->UCR2 & 0x1）== 0）； /* 等待复位完成*/
}

/*
 * @description    ：发送一个字符
 * @param - c      ：要发送的字符
 * @return         ：无
 */
void putc（unsigned char c）
{
    while（（（UART1->USR2 >> 3）&0X01）== 0）； /* 等待上一次发送完成 */
    UART1->UTXD = c & 0XFF;                          /* 发送数据 */
}

/*
 * @description    ：发送一个字符串
```

```
 * @param - str  ：要发送的字符串
 * @return       ：无
 */
void puts（char *str）
{
        char *p = str;
        while（*p）
          putc（*p++）；
}

/*
 * @description  ：接收一个字符
 * @param        ：无
 * @return       ：接收到的字符
 */
unsigned char getc（void）
{
    while（（UART1->USR2 & 0x1）==0）；    /* 等待接收完成 */
    return UART1->URXD;                    /* 返回接收到的数据 */
}

/*
 * @description  ：防止编译器报错
 * @param        ：无
 * @return       ：无
 */
void raise（int sig_nr）
{
……
}
```

文件 bsp_uart.c 中共有 10 个函数。

第一个函数是 uart_init，它是 UART1 初始化函数，用于初始化 UART1 相关的 IO，并且设置 UART1的波特率、字长、停止位和校验模式等，初始化完成以后就使能 UART1。

第二个函数是uart_io_init，用于初始化 UART1 所使用的 IO。

第三个函数是 uart_setbaudrate，它是从NXP 官方的 SDK 包里移植过来的，用于设置波特率。我们只需将想要设置的波特率告诉此函数，此函数就会使用逐次逼近方式计算出寄存器 UART1_UFCR 的 FRDIV 位、寄存器UART1_UBIR 和寄存器 UART1_UBMR 的值。

第四和第五这两个函数为 uart_disable 和uart_enable，分别是使能和关闭 UART1。

第六个函数是 uart_softreset，用于软件复位指定的 UART。

第七个函数是putc，用于通过UART1发送一个字节的数据。

第八个函数是puts，用于通过UART1发送一串数据。

第九个函数是 getc，用于通过 UART1 获取一个字节的数据。

第十个函数是raise，这是一个空函数，用来防止编译器报错。

然后在目录project中建立文件start.s和main.c，分别输入以下内容。

5.4.2.3.3 start.s

```
.global _start                /* 全局标号 */
/*
 * 描述:          _start函数负责中断向量表的创建
 * 参考文档：ARM Cortex-A（ARMv7）编程手册v4.0.pdf 第42页，ARM处理器模式和寄存器
 *   ARM Cortex-A（ARMv7）编程手册v4.0.pdf 第165页 11.1.1节Exception priorities（异常）
 */
_start:
    ldr pc, =Reset_Handler        /* 复位中断*/
    ldr pc, =Undefined_Handler    /* 未定义中断*/
    ldr pc, =SVC_Handler          /* SVC（Supervisor）中断*/
    ldr pc, =PrefAbort_Handler    /* 预取终止中断*/
    ldr pc, =DataAbort_Handler    /* 数据终止中断*/
    ldr pc, =NotUsed_Handler      /* 未使用中断*/
    ldr pc, =IRQ_Handler          /* IRQ中断*/
    ldr pc, =FIQ_Handler          /* FIQ（快速中断）未定义中断*/

/* 复位中断 */
Reset_Handler:
```

```
    cpsid i                          /* 关闭全局中断 */

    /* 关闭I，DCache和MMU
     * 采取读—改—写的方式
     */
   mrc  p15, 0, r0, c1, c0, 0      /* 读取CP15的C1寄存器到R0中 */
   bic  r0, r0, #（0x1 << 12）  /* 清除C1寄存器的bit12（I位），关闭I Cache*/
   bic  r0, r0, #（0x1 <<  2）  /* 清除C1寄存器的bit2（C位），关闭D Cache */
   bic  r0, r0, #0x2             /* 清除C1寄存器的bit1（A位），关闭对齐*/
   bic  r0, r0,  #（0x1 << 11）/* 清除C1寄存器的bit11（Z位），关闭分支预测*/
   bic  r0, r0, #0x1             /* 清除C1寄存器的bit0（M位），关闭MMU */
   mcr  p15, 0, r0, c1, c0,  0    /* 将r0寄存器中的值写入CP15的C1寄存器中 */
#if 0
    /* 汇编版本设置中断向量表偏移 */
    ldr r0,  =0X87800000
    dsb
    isb
    mcr p15, 0, r0, c12, c0,  0
    dsb
    isb
#endif
    /* 设置各个模式下的栈指针
     * 注意：iMX6UL的堆栈是向下增长的
     * 堆栈指针地址一定要4字节地址对齐
     * DDR范围：0X80000000~0X9FFFFFFF
     */
    /* 进入IRQ模式 */
    mrs r0,  cpsr
    bic r0,  r0,  #0x1f       /* 将r0寄存器中的低5位清零，也就是CPSR的M0~M4 */
    orr r0,  r0,  #0x12       /* r0或上0x13，表示使用IRQ模式 */
    msr cpsr,  r0             /* 将r0 的数据写入cpsr_c中 */
    ldr sp,  =0x80600000 /* 设置IRQ模式下的栈首地址为0X80600000，大小为2MB */
```

```
    /* 进入SYS模式 */
    mrs r0, cpsr
    bic r0, r0, #0x1f      /* 将r0寄存器中的低5位清零，也就是CPSR的M0~M4 */
    orr r0, r0, #0x1f      /* r0或上0x13，表示使用SYS模式*/
    msr cpsr, r0           /* 将r0 的数据写入cpsr_c中 */
    ldr sp, =0x80400000 /* 设置SYS模式下的栈首地址为0X80400000，大小为2MB */

    /* 进入SVC模式 */
    mrs r0, cpsr
    bic r0, r0, #0x1f      /* 将r0寄存器中的低5位清零，也就是CPSR的M0~M4 */
    orr r0, r0, #0x13      /* r0或上0x13，表示使用SVC模式*/
    msr cpsr, r0           /* 将r0 的数据写入cpsr_c中 */
    ldr sp, =0X80200000 /* 设置SVC模式下的栈首地址为0X80200000，大小为2MB */

    cpsie i                /* 打开全局中断 */
#if 0
    /* 使能IRQ中断 */
    mrs r0, cpsr           /* 读取CPSR寄存器值到r0中 */
    bic r0, r0, #0x80      /* 将r0寄存器中的bit7清零，也就是CPSR中的I位清零，表
示允许IRQ中断 */
    msr cpsr, r0           /* 将r0重新写入CPSR中*/
#endif

    b main                 /* 跳转到main函数 */

/* 未定义中断 */
Undefined_Handler:
    ldr r0, =Undefined_Handler
    bx r0

/* SVC中断 */
SVC_Handler:
    ldr r0, =SVC_Handler
    bx r0
```

```
/* 预取终止中断 */
PrefAbort_Handler:
    ldr r0, =PrefAbort_Handler
    bx r0

/* 数据终止中断 */
DataAbort_Handler:
    ldr r0, =DataAbort_Handler
    bx r0

/* 未使用的中断 */
NotUsed_Handler:


    ldr r0, =NotUsed_Handler
    bx r0
/* IRQ中断（特别注意）*/
IRQ_Handler:
    push {lr}              /* 保存lr地址 */
    push {r0-r3, r12}      /* 保存r0～r3，r12寄存器 */
  mrs r0, spsr              /* 读取SPSR寄存器 */
  push {r0}                 /* 保存SPSR寄存器 */
  mrc p15, 4, r1, c15, c0, 0 /* 从CP15的C0寄存器内的值到R1寄存器中
                            * 参考文档ARM Cortex-A（ARMv7）编程手册v4.0.pdf 第49页
                            * Cortex-A7 Technical ReferenceManua.pdf 第68、第138页
                            */
  add r1, r1, #0X2000       /*GIC基地址加0X2000，也就是GIC的CPU接口端基地址 */
  ldr r0, [r1, #0XC]        /*GIC的CPU接口端基地址加0X0C，也就是GICC_IAR寄存器
                            *GICC_IAR寄存器保存着当前发生中断的中断号，我们要
                            * 根据这个中断号来决定调用哪个中断服务函数
                            */
  push {r0, r1}             /* 保存r0，r1 */
  cps #0x13                 /* 进入SVC模式，允许其他中断再次进去 */
  push {lr}                 /* 保存SVC模式的lr寄存器 */
```

```
  ldr r2, =system_irqhandler   /* 加载C语言中断处理函数到r2寄存器中*/
  blx r2                       /* 运行C语言中断处理函数，带有一个参数，保存在R0寄
存器中 */

  pop {lr}                     /* 执行完C语言中断服务函数，lr出栈 */
  cps #0x12                    /* 进入IRQ模式 */
  pop {r0, r1}
  str r0, [r1, #0X10]          /* 中断执行完成，写EOIR */
  pop {r0}
  msr spsr_cxsf, r0            /* 恢复spsr */
  pop {r0-r3, r12}             /* r0～r3，r12出栈 */
  pop {lr}                     /* lr出栈 */
  subs pc, lr, #4              /* 将lr-4赋值给pc */

/* FIQ中断 */
FIQ_Handler:
  ldr r0, =FIQ_Handler
  bx r0
```

5.4.2.3.4 main.c

```
#include "bsp_clk.h"
#include "bsp_delay.h"
#include "bsp_led.h"
#include "bsp_beep.h"
#include "bsp_key.h"
#include "bsp_int.h"
#include "bsp_uart.h"

/*
  * @description    : main函数
  * @param     : 无
  * @return    : 无
  */
int main(void)
{
```

```
    unsigned char a=0;
    unsigned char state = OFF;

    int_init ( ) ;             /* 初始化中断（一定要最先调用）*/
    imx6u_clkinit ( ) ;        /* 初始化系统时钟*/
    delay_init ( ) ;           /* 初始化延时*/
    clk_enable ( ) ;           /* 使能所有的时钟*/
    led_init ( ) ;             /* 初始化led*/
    beep_init ( ) ;            /* 初始化beep*/
    uart_init ( ) ;            /* 初始化串口，波特率115200*/

    while ( 1 )
    {
        puts ( "请输入1个字符：" ) ;
        a=getc ( ) ;
        putc ( a ) ;           //回显功能
        puts ( "\r\n" ) ;

        //显示输入的字符
        puts ( "您输入的字符为：" ) ;
        putc ( a ) ;
        puts ( "\r\n\r\n" ) ;

        state = ! state;
        led_switch ( LED0, state ) ;
    }
    return 0;
}
```

5.4.2.3.5　imx6ul.lds

在工程目录uart下建立文件imx6ul.lds，输入以下内容：

```
SECTIONS{
    . = 0X87800000;
    .text :
    {
```

```
        obj/start.o
        *(.text)
    }
    .rodata ALIGN(4)   : {*(.rodata*)}
    .data ALIGN(4)     : {*(.data)}
    __bss_start = .;
    .bss ALIGN(4)      : {*(.bss)  *(COMMON)}
    __bss_end = .;
}
```

5.4.2.3.6 Makefile

在工程目录uart下建立文件Makefile，输入以下内容：

```
CROSS_COMPILE ?= arm-linux-gnueabihf
TARGET ?= uart
CC := $(CROSS_COMPILE)gcc
LD := $(CROSS_COMPILE)ld
OBJCOPY := $(CROSS_COMPILE)objcopy
OBJDUMP := $(CROSS_COMPILE)objdump
LIBPATH := -lgcc -L /usr/local/arm/gcc-linaro-4.9.4-2017.01-x86_64_arm-linux-gnueabihf/lib/gcc/arm-linux-gnueabihf/4.9.4
INCDIRS := imx6ul \
bsp/clk \
bsp/led \
bsp/delay \
bsp/beep \
bsp/gpio \
bsp/key \
bsp/exit \
bsp/int \
bsp/epittimer \
bsp/keyfilter \
```

```
bsp/uart
SRCDIRS := project \
bsp/clk
bsp/led \
bsp/delay \
bsp/beep \
bsp/gpio \
bsp/key \
bsp/exit \
bsp/int \
bsp/epittimer \
bsp/keyfilter \
bsp/uart
INCLUDE := $(patsubst %, -I %, $(INCDIRS))
SFILES := $(foreach dir, $(SRCDIRS), $(wildcard $(dir)/*.S))
CFILES := $(foreach dir, $(SRCDIRS), $(wildcard $(dir)/*.c))
SFILENDIR := $(notdir $(SFILES))
CFILENDIR := $(notdir $(CFILES))
SOBJS := $(patsubst %, obj/%, $(SFILENDIR:.S=.o))
COBJS := $(patsubst %, obj/%, $(CFILENDIR:.c=.o))
OBJS := $(SOBJS) $(COBJS)
VPATH := $(SRCDIRS)
.PHONY: clean
$(TARGET).bin : $(OBJS)
$(LD) -Timx6ul.lds -o $(TARGET).elf $^ $(LIBPATH)
```

```
57 $（OBJCOPY） -O binary -S $（TARGET）.elf $@
58 $（OBJDUMP） -D -m arm $（TARGET）.elf > $（TARGET）.dis
59
60 $（SOBJS）： obj/%.o： %.S
61 $（CC） -Wall -nostdlib -fno-builtin -c -O2 $（INCLUDE） -o $@ $<
62
63 $（COBJS）： obj/%.o： %.c
64 $（CC） -Wall -nostdlib -fno-builtin -c -O2 $（INCLUDE） -o $@ $<
65
66 clean：
67 rm -rf $（TARGET）.elf $（TARGET）.dis $（TARGET）.bin $（COBJS）
$（SOBJS）
```

注意：

（1）Makefile文件在链接时加入了数学库，因为在 bsp_uart.c中有个函数uart_setbaudrate，在此函数中使用到了除法运算，所以需要将编译器的数学库也链接进来。变量LIBPATH就是数学库的目录，在第56行链接的时候使用了变量LIBPATH。Makefile在链接时使用选项“-L”来指定库所在的目录。

（2）在第 61 行和第 64 行中，要加入选项“-fno-builtin”，否则编译的时候会提示“putc”“puts”这两个函数与内建函数冲突。加入选项“-fno-builtin”表示不使用内建函数，这样就可以自己实现 putc和 puts 这样的函数了。

习题 5

1. 举例说明i.MX6U GPIO的配置步骤。
2. 举例说明i.MX6U UART的设置步骤。
3. 依据本章LED程序设计案例，编写流水灯程序。
4. 依据本章串行通信设计案例，编写串口通信程序。

第 6 章　U-BOOT 概述

本章主要分析正点原子提供的U-BOOT（Universal Boot Loader）源码，重点分析了U-BOOT的启动流程，这对于U-BOOT的移植非常重要。然后学习U-BOOT的主要用法。

6.1　bootloader 简介

6.1.1　bootloader的作用

如图6-1所示，一个嵌入式Linux系统从软件的角度看通常可以分为以下几个层次。

图 6-1　嵌入式 Linux 系统软件结构

最底层是硬件。

其上是引导加载程序bootloader和驱动程序。

再往上是嵌入式操作系统Linux内核，这是特定于嵌入式系统硬件的定制内核。

文件系统：包括根文件系统和建立于Flash内存设备之上的文件系统，其中包含Linux系统能够运行所必需的应用程序和库等。通常用ramdisk作为根文件系统。

应用程序：特定于用户的程序。有时在应用程序和内核之间可能还会包括一个

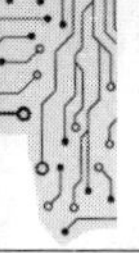

嵌入式图形用户界面GUI。

引导加载程序bootloader是系统加电后运行的第一段软件代码，其作用如同PC机中的引导加载程序BIOS。

在嵌入式系统中，整个系统的加载启动任务完全由bootloader来完成。bootloader程序会先初始化DDR等外设，然后将Linux内核从Flash（NAND、NOR Flash、SD、MMC等）拷贝到DDR中，最后启动Linux内核。在一个基于ARM的嵌入式系统中，系统在上电或复位时通常是从地址0x0000000处开始执行，而在这个地址处安排的通常就是系统的bootloader程序。

简单来说，bootloader就是在操作系统内核运行之前运行的一段小程序。通过这段小程序，可以初始化硬件设备、建立内存空间的映射图，从而将系统的软硬件环境调整到一个合适的状态，以便为最终调用操作系统内核准备好正确的环境。

很多现成的bootloader软件可以使用，比如U-BOOT、vivi、RedBoot等，其中以U-BOOT使用最为广泛。U-BOOT是一个遵循GPL协议的开源软件，是一个裸机代码，也可以看作一个裸机综合例程。现在的U-BOOT已经支持液晶屏、网络、USB等高级功能。可在U-BOOT官网下载U-BOOT源码，网址为：

http：//www.denx.de/wiki/U-Boot/

但是一般不会直接用到U-BOOT官方源码，厂商会对U-BOOT官方源码进行修改，以支持自家芯片和开发板，这个过程叫作移植。

6.1.2 bootloader操作模式

大多数bootloader包含两种不同的操作模式，即启动加载模式和下载模式，两种模式的区别仅对于开发人员才有意义。但从最终用户的角度来看，bootloader的作用就是用来加载操作系统。

启动加载（Boot Loading）模式：这种模式也称为自主（Autonomous）模式，即bootloader从目标机上的某个固态存储设备上将操作系统加载到RAM中运行，整个过程没有用户的介入。这种模式是bootloader的正常工作模式，因此在嵌入式产品发布的时侯，bootloader显然必须工作在这种模式下。

下载（Downloading）模式：在这种模式下，目标机上的bootloader将通过串口连接或网络连接等通信手段从主机（Host）下载文件，比如下载内核镜像和根文件系统镜像等。从主机下载的文件通常首先被bootloader保存到目标机的RAM中，然后被bootloader写到目标机上的Flash类固态存储设备中。bootloader的这种模式通常在第一次安装内核与根文件系统时被使用。此外，以后的系统更新也会使用这种工作模式。工作于这种模式下的bootloader通常会向它的终端用户提供一个简单的命令行接口。因此产品开发时通常使用这种模式。

像U-BOOT这样功能强大的bootloader通常同时支持以上两种工作模式，在启动时处于正常的启动加载模式，同时会延时3秒（可设置）等待终端用户按下任意键而切换到下载模式。如果在3秒内没有用户按键，则继续启动Linux内核。

最常见的情况是，目标机上的bootloader通过串口与主机之间进行文件传输，传输协议通常是xmodem、ymodem、zmodem协议中的一种。然而串口传输的速度是有限的，因此通过以太网连接并借助TFTP协议来下载文件是个更好的选择。

6.2 U-BOOT目录结构

U-BOOT目录结构主要经历过2次变化：第一次从u-boot-1.3.2开始发生变化，主要是增加了api的内容；变化最大的是第二次，从2010.6版本开始把体系结构相关的内容合并，原先的cpu与lib_arch内容全部纳入arch中，增加了inlcude文件夹，分离出通用库文件lib。

正点原子修改并形成了自己的U-BOOT，其目录结构如表6-1所示。

表6-1　U-BOOT目录结构

目录名	介绍	与启动相关的主要文件
arch	与体系结构相关的代码，每个子目录代表一个处理器类型，子目录名称就是处理器的类型名称	start.S、u-boot.lds
board	存放于开发板的相关配置文件，每一个开发板都以子文件夹的形式出现	lowlevel_init.S、board_init.c、reloate.c
api	存放U-BOOT对外提供的接口函数	—
Commom	通用代码，涵盖各个方面，以命令行处理为主	—
lib	通用库文件	—
Drivers	U-BOOT支持的各种设备的驱动程序，每个类型的设备驱动占用一个子目录	—
Fs	支持嵌入式开发常见的cramfs、ext2、ext3、jffs2、etc	—
Include	U-BOOT使用的全局头文件，还有各种硬件平台支持的汇编文件、系统配置文件和文件系统支持的文件	—
Net	网络协议相关的代码，如bootp协议、TFTP协议、NFS文件系统、TCP /IP协议等	—
disk	磁盘分区相关代码	—
Tooles	生成U-BOOT的工具，辅助程序	—
Doc	常见功能和问题的说明文档	—
examples	示例程序	—
post	power on self test，上电自检	—

续表 6-1

目录名	介绍	与启动相关的主要文件
文件	imxdownload	正点原子编写的 SD 卡烧写软件
	Kbuild	用于生成一些与汇编有关的文件
	Kconfig	图形配置界面描述文件
	Makefile	主 Makefile，重要文件
	U-BOOT	编译得到的U-BOOT文件

对U-BOOT的启动过程而言，比较重要的目录是/board、/cpu、/drivers和/include，如果想要实现U-BOOT在一个平台上的移植，就要对这些目录进行深入的分析。

6.3 U-BOOT 启动流程分析

U-BOOT入口点为_start。_start 定义在文件arch/arm/ lib/vectors.S 中，代码如下所示：

```
48 _start:
49
50 #ifdef CONFIG_SYS_DV_NOR_BOOT_CFG
51 .word  CONFIG_SYS_DV_NOR_BOOT_CFG
52 #endif
53
54 b      reset
55 ldr    pc, _undefined_instruction
56 ldr    pc, _software_interrupt
57 ldr    pc, _prefetch_abort
58 ldr    pc, _data_abort
59 ldr    pc, _not_used
60 ldr    pc, _irq
61 ldr    pc, _fiq
```

其中 54～61 行是中断向量表。_start 后面也是中断向量表，此部分代码存放在.vectors 段里面。

第54行跳转到 reset 函数，reset 函数在 arch/arm/cpu/armv7/start.S 里面，如下

所示：

```
32 .globl    reset
33 .globl    save_boot_params_ret
34
35 reset:
36 /* Allow the board to save important registers */
37 b          save_boot_params
```

第 35 行是 reset 函数。

第 37 行从 reset 函数跳转到了save_boot_params 函数，save_boot_params 函数同样定义在 start.S 里面，定义如下：

```
100 ENTRY（save_boot_params）
101 b  save_boot_params_ret            @ back to my caller
```

save_boot_params 函数也是只有一句跳转语句，跳转到 save_boot_params_ret 函数，save_boot_params_ret 函数代码如下：

```
38 save_boot_params_ret:
39 /*
40  * disable interrupts （FIQ and IRQ）， also set the cpu to SVC32 mode,
41  * except if in HYP mode already
42  */
43 mrs     r0， cpsr
44 and     r1， r0， #0x1f   @ mask mode bits
45 teq     r1， #0x1a        @ test for HYP mode
46 bicne   r0， r0， #0x1f   @ clear all mode bits
47 orrne   r0， r0， #0x13   @ set SVC mode
48 orr     r0， r0， #0xc0   @ disable FIQ and IRQ
49 msr     cpsr， r0
```

第43行，读取寄存器CPSR中的值，并保存到r0寄存器中。

第44行，将寄存器r0中的值与0X1F进行与运算，结果保存到r1寄存器中，目的是提取CPSR的 bit0~bit4 这5位，这5位为 M4 M3 M2 M1 M0，M［4：0］这5位用来设置处理器的工作模式。

第45行，判断r1寄存器的值是否等于0X1A（0b11010），也就是判断当前处理器是否处于 Hyp 模式。

第46行，如果r1和 0X1A 不相等，也就是CPU如果不处于Hyp模式就将r0寄存器的bit0~5 进行清零，即清除模式位。

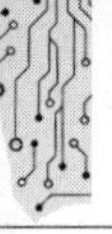

第47行，如果处理器不处于Hyp模式，就将r0的寄存器的值与0x13进行或运算，0x13=0b10011，即设置处理器进入 SVC 模式。

第48行，r0寄存器的值再与0xC0进行或运算，则r0寄存器此时的值就是 0xD3，CPSR的I位和F位分别控制IRQ和FIQ这两个中断的开关，设置为1时就关闭了FIQ和IRQ。

第49行，将r0寄存器写回到CPSR寄存器中。完成设置后CPU处于SVC32模式，并且关闭FIQ和IRQ这两个中断。

6.4 U-BOOT 代码重定位

U-BOOT分为第一阶段（stage1）和第二阶段（stage2）两个阶段。

依赖于CPU体系结构的代码，比如设备初始化代码等通常放在stage1中，一般用汇编语言来实现；stage2则通常用C语言来实现，这样可以实现更复杂的功能，而且代码会具有更好的可读性和可移植性。

6.4.1 第一阶段（stage1）

6.4.1.1 基本的硬件初始化

这是U-BOOT一开始就执行的操作，其目的是给stage2的执行以及随后的kernel的执行准备好一些基本的硬件环境。它通常包括以下步骤（以执行的先后顺序排列）：

（1）屏蔽所有的中断。为中断提供服务通常是OS设备驱动程序的责任，因此U-BOOT执行的全过程中可以不必响应任何中断。中断屏蔽可以通过CPU的中断屏蔽寄存器或状态寄存器（比如ARM的CPSR寄存器）来完成。

（2）设置CPU的速度和时钟频率。

（3）RAM初始化，包括正确地设置系统的内存控制器的功能寄存器以及各内存控制寄存器等。

（4）初始化LED。典型地，通过GPIO来驱动LED，其目的是表明系统的状态是OK还是 Error。如果开发板上没有LED，那么也可以通过初始化UART向串口打印bootloader的Logo 字符信息来完成这一步。

（5）关闭CPU内部指令／数据Cache。

6.4.1.2 为加载stage2准备RAM空间

为了获得更快的执行速度，通常把stage2加载到RAM空间执行，这个过程即代码重定位。因此必须为加载stage2准备好一段可用的RAM空间范围。

由于stage2通常是C语言执行代码，因此在考虑空间大小时，除了stage2可执行映象的大小，还必须把堆栈空间也考虑进来。此外，空间大小最好是memory page大小（通常为4KB）的倍数。

为了后面叙述方便，这里把所安排的RAM空间范围的大小记为：stage2_size（字节），把起始地址和终止地址分别记为stage2_start和 stage2_end（这两个地址均以 4 字节边界对齐）。因此有：

stage2_end＝stage2_start＋stage2_size

另外，还必须确保所安排的地址范围的确是可读写的RAM空间，这就要求对所安排的地址范围进行测试。

6.4.1.3　拷贝stage2到 RAM 中

拷贝时要确定两点：① stage2 的可执行映象在固态存储设备的存放起始地址和终止地址；② RAM 空间的起始地址。

6.4.1.4　设置堆栈指针sp

堆栈指针的设置是为了执行 C 语言代码做好准备。通常可以把sp的值设置为（stage2_end-4），也即在上面所安排的那个1MB的RAM空间的最顶端（堆栈向下生长）。

此外，在设置堆栈指针 sp 之前，也可以关闭 LED 灯，以提示用户程序准备跳转到 stage2。

6.4.1.5　跳转到stage2的C入口点

在上述一切工作就绪后，就可以跳转到U-BOOT的stage2去执行了，这可以通过修改PC寄存器为合适的地址来实现。

6.4.2　第二阶段（stage2）

stage2的代码通常用C语言来实现，以便于实现更复杂的功能和取得更好的代码可读性和可移植性。其主要步骤是如下。

6.4.2.1　初始化本阶段要使用的硬件设备

这通常包括：① 初始化至少一个串口，以便和终端用户进行I/O输出信息；② 初始化计时器等。在初始化这些设备前，也可以重新把LED灯点亮，以表明已经进入main（ ） 函数执行。设备初始化完成后，可以输出一些打印信息\程序名字符串、版本号等。

6.4.2.2　检测系统的内存映射（memory map）

系统的内存映射就是指在整个4GB物理地址空间中有哪些地址范围被分配用来寻址系统的RAM单元。虽然CPU通常预留出一大段足够的地址空间给系统RAM，但是在搭建具体的嵌入式系统时不一定会实现CPU预留的全部RAM 地址空间。也就是说，具体的嵌入式系统往往只把CPU预留的全部RAM地址空间中的一部分映射到RAM单元上，而让剩下的那部分预留RAM地址空间处于未使用状态。因此，stage2必须在它想干点什么（比如，将存储在flash上的内核镜像读到 RAM空间中）之前检测整个系统的内存映射情况，也即它必须知道CPU 预留的全部RAM地址空间中的哪些被真正映射到RAM地址单元，哪些是处于未使用状态的。

6.4.2.3　加载内核镜像和根文件系统镜像

（1）规划内存占用的布局。这里包括两个方面：内核镜像所占用的内存范围；根文件系统所占用的内存范围。在规划内存占用的布局时，主要考虑基地址和镜像的大小两个方面。

（2）从Flash上拷贝。由于像ARM这样的嵌入式CPU通常是在统一的内存地址空间中寻址Flash等固态存储设备的，因此从Flash上读取数据与从RAM单元中读取数据并没有什么不同。用一个简单的循环就可以完成从Flash设备上拷贝镜像的工作：

```
while（count）{
*dest++ = *src++;    /* 都是以字方式对齐 */
count -= 4;          /* 字节数 */
};
```

6.4.2.4　设置内核的启动参数

应该说，在将内核镜像和根文件系统镜像拷贝到RAM空间后，就可以准备启动Linux 内核了。但是在调用内核之前，应该做一步的准备工作，即设置Linux内核的启动参数。

Linux 2.4.x以后的内核都期望以标记列表（tagged list）的形式来传递启动参数。启动参数标记列表以标记ATAG_CORE开始，以标记ATAG_NONE结束。每个标记由标识被传递参数的tag_header结构以及随后的参数值数据结构来组成。数据结构tag和tag_header定义在Linux内核源码的include/asm/setup.h头文件中。

在嵌入式Linux系统中，通常需要由bootloader设置的常见启动参数有：ATAG_CORE、ATAG_MEM、ATAG_CMDLINE、ATAG_RAMDISK、ATAG_INITRD等。

6.4.2.5　调用内核

bootloader调用Linux内核的方法是直接跳转到内核的第一条指令处，也即直接跳转到MEM_START+0x8000地址处。

代码重定位：

relocate_code 函数是用于代码拷贝的，此函数定义在文件 arch/arm/lib/relocate.S中，主要代码如下：

```
……
79 ENTRY（relocate_code）
```

```
ldr r1, =__image_copy_start /* r1 <- SRC &__image_copy_start */
subs r4, r0, r1 /* r4 <- relocation offset */
beq relocate_done /* skip relocation */
ldr r2, =__image_copy_end /* r2 <- SRC &__image_copy_end */
copy_loop:
ldmia r1! , {r10-r11} /* copy from source address [r1] */
stmia r0! , {r10-r11} /* copy to target address [r0] */
cmp r1, r2 /* until source end address [r2] */
blo copy_loop
/*
 * fix .rel.dyn relocations
 */
ldr r2, =__rel_dyn_start /* r2 <- SRC &__rel_dyn_start */
ldr r3, =__rel_dyn_end /* r3 <- SRC &__rel_dyn_end */
fixloop:
ldmia r2! , {r0-r1} /* (r0, r1) <- (SRC location, fixup) */
and r1, r1, #0xff
cmp r1, #23 /* relative fixup? */
bne fixnext
/* relative fix: increase location by offset */
add r0, r0, r4
ldr r1, [r0]
add r1, r1, r4
str r1, [r0]
fixnext:
cmp r2, r3
blo fixloop
relocate_done:
#ifdef __XSCALE_
```

```
114 /*
115 * On xscale,  icache must be invalidated and write buffers
116 * drained,  even with cache disabled - 4.2.7 of xscale core
117 developer's manual */
118 mcr p15,  0,  r0,  c7,  c7,  0 /* invalidate icache */
119 mcr p15,  0,  r0,  c7,  c10,  4 /* drain write buffer */
120 #endif
121
122 /* ARMv4- don't know bx lr but the assembler fails to see that */
123
124 #ifdef __ARM_ARCH_4__
125 mov pc,  lr
126 #else
127 bx lr
128 #endif
129
130 ENDPROC(relocate_code)
```

第 80 行，r1=__image_copy_start（ =0X87800000），也就是 r1 寄存器保存的源地址。

第 81 行，r0=0X9FF47000，这个地址是U-BOOT拷贝的目标首地址。r4=r0-r1=0X9FF47000-0X87800000=0X18747000，因此 r4 保存的是偏移量。

第 82 行，如果在第 81 行中，r0-r1 = 0，说明 r0 和 r1 相等，也就是源地址和目的地址是一样的，那就不需要拷贝了，执行 relocate_done 函数。

第 83 行，r2=__image_copy_end（=0x8785dd54），即保存拷贝之前的代码结束地址。

第 84 行，函数 copy_loop 完成代码拷贝工作。从 r1，也就是__image_copy_start开始，读取U-BOOT代码保存到 r10 和 r11中，一次只拷贝这2个 32 位的数据。拷贝完成以后 r1 的值会更新，然后保存下一个要拷贝的数据地址。

第 87 行，将r10和r11的数据写到 r0 开始的地方，也就是目的地址。写完以后 r0 的值会更新为下一个要写入的数据地址。

第 88 行，比较 r1 是否和 r2 相等，也就是检查是否拷贝完成，如果不相等说明拷贝没有完成，此时跳转到 copy_loop 接着拷贝，直至拷贝完成。

第94～109 行是重定位.rel.dyn 段，.rel.dyn 段是存放.text 段中需要重定位地址的集合。重定位就是U-BOOT将自身拷贝到DRAM 的另一个地方去继续运行（DRAM的高地址处）。

6.5 U-BOOT 编译

在Ubuntu中创建存放U-BOOT的目录，然后在此目录下存放U-BOOT源码。使用如下命令对其进行解压缩：

tar -vxjf uboot-imx-2016.03-2.1.0-g8b546e4.tar.bz2

如果使用的是512MB+8G的EMMC核心板，需使用如下命令来编译对应的U-BOOT：

make ARCH=arm CROSS_COMPILE=arm-linux-gnueabihf- distclean

make ARCH=arm CROSS_COMPILE=arm-linux-gnueabihf

mx6ull_14x14_ddr512_emmc_defconfig

make V=1 ARCH=arm CROSS_COMPILE=arm-linux-gnueabihf- -j12

这几条命令中，ARCH=arm是设置目标为arm架构，CROSS_COMPILE 指定所使用的交叉编译器。第一条命令相当于“make distclean”，目的是清除工程，一般在第一次编译的时候最好清理一下工程。第三条命令相当于“make mx6ull_14x14_ddr512_emmc_defconfig”，用于配置U-BOOT，配置文件为 mx6ull_14x14_ddr512_emmc_defconfig。第四条命令相当于 “make -j12”，也就是使用 12 核来编译U-BOOT。

编译完成以后，U-BOOT源码多了一些文件，其中u-boot.bin就是编译得到的U-BOOT二进制文件。U-BOOT是个裸机程序，因此需要在其前面加上头部（IVT、DCD等数据）才能在i.MX6U上执行。u-boot.imx文件是添加头部以后的u-boot.bin，u-boot.imx是最终要烧写到开发板中的U-BOOT镜像文件。每次编译U-BOOT都要输入一长串命令，为了简便起见，可以新建一个shell脚本文件，将这些命令写到 shell 脚本文件里面，然后每次只需要执行shell脚本即可完成编译工作。

新建名为 mx6ull_uboot_sd.sh 的shell脚本文件，然后在文件中输入下列内容：

```
#! /bin/bash
make ARCH=arm CROSS_COMPILE=arm-linux-gnueabihf- distclean
make ARCH=arm CROSS_COMPILE=arm-linux-gnueabihf-
mx6ull_14x14_ddr512_emmc_defconfig
make V=1 ARCH=arm CROSS_COMPILE=arm-linux-gnueabihf- -j12
```

第 1 行是 shell 脚本要求的，必须是“#! /bin/bash”或者“#! /bin/sh”。

第 2 行使用了 make 命令，用于清理工程，也就是每次在编译U-BOOT之前都清理一下工程。这里的 make 命令带有3个参数：第一个参数是 ARCH，也就是指定架构，这里肯定是ARM；第二个参数 CROSS_COMPILE 用于指定编译器，只需要指明编译器前缀就行了，比如 arm-linux-gnueabihf-gcc 编译器的前缀是“arm-linux-gnueabihf-”；第三个参数 distclean 是清除工程。

第 3 行也使用了make命令，用于配置U-BOOT。它同样有三个参数，不同的是，最后一个参数是 mx6ull_alientek_emmc_defconfig。U-BOOT除了能引导Linux系统，还可以引导其它系统，U-BOOT还支持其他的架构和外设，比如USB、网络、SD卡等。这些都是可以配置的，需要什么功能就使能什么功能。因此在编译U-BOOT之前，一定要根据自己的需求配置U-BOOT。mx6ull_alientek_emmc_defconfig 是针对i.MX6U-ALPHA的EMMC核心板编写的配置文件，这个配置文件在uboot-imx-rel_imx_4.1.15_2.1.0_ga_alientek /configs 目录中。在U-BOOT中，通过make xxx_defconfig命令来配置U-BOOT，xxx_defconfig 是不同开发板的配置文件，这些配置文件都在uboot/configs目录中。

第4行有4个参数，用于编译U-BOOT，通过第3行配置好U-BOOT以后就可以直接编译U-BOOT了。其中V=1 用于设置编译过程的信息输出级别；-j用于设置主机使用多少个核编译U-BOOT，设置的核越多，编译速度越快；-j16表示使用16个核编译U-BOOT，具体设置多少个核要根据自己的虚拟机或者电脑配置，如果给VMware分配了4个核，那么最多只能使用-j4。

使用chmod命令给予mx6ull_uboot_sd.sh 文件可执行权限，然后就可以使用这个shell脚本文件来重新编译U-BOOT，命令如下：

./ mx6ull_uboot_sd.sh

6.6 U-BOOT 烧写与启动

将U-BOOT烧写到SD卡中，然后通过SD卡来启动运行U-BOOT。使用imxdownload软件烧写，命令如下：

chmod 777 imxdownload

//给予 imxdownload 可执行权限，一次即可

./imxdownload u-boot.bin /dev/sdd

等待烧写完成，完成以后将SD卡插到i.MX6U-ALPHA开发板上，BOOT设置从SD卡启动，使用USB线将USB_TTL和电脑连接，也就是将开发板的串口1连接到电脑上。打开串口终端，设置好串口参数，最后复位开发板。串口终端上出现：

“Hit any key to stop autoboot： ”

默认是3秒倒计时，在3秒倒计时结束以后如果没有按下回车键，U-BOOT就会使

用默认参数来启动Linux内核。如果在3秒倒计时结束之前按下回车键，那么会进入U-BOOT的命令行模式，如图6-2所示。

```
U-Boot 2016.03-gee88051 (Nov 05 2021 - 17:59:09 +0800)

CPU:   Freescale i.MX6ULL rev1.1 792 MHz (running at 396 MHz)
CPU:   Industrial temperature grade (-40C to 105C) at 45C
Reset cause: POR
Board: I.MX6U ALPHA|MINI
I2C:   ready
DRAM:  256 MiB
NAND:  512 MiB
MMC:   FSL_SDHC: 0
In:    serial
Out:   serial
Err:   serial
Net:   FEC1
Error: FEC1 address not set.

Normal Boot
Hit any key to stop autoboot:  0
=>
```

图 6-2　U-BOOT 命令行模式

可以看出，当进入U-BOOT的命令行模式后，左侧会出现一个“=>”标志。U-BOOT启动的时候会输出一些信息，这些信息主要是U-BOOT版本号和编译时间、CPU 信息、开发板信息、DRAM（内存）、LCD型号等。

6.7　U-BOOT 常用命令

U-BOOT的常用命令如下：

（1）help：列出当前U-BOOT支持的所有命令。

（2）reset：重启U-BOOT。

（3）bootm：用于启动内核。

用法举例：bootm 0x42000000

说明：从内存地址0x42000000启动内核，启动前需把内核镜像uImage存放到指定的内存地址。

（4）printenv：打印所有环境变量的值。

用法：printenv 环境变量名

（5）setenv：设置环境变量的值。

（6）saveenv：保存环境变量，环境变量修改之后必须执行此命令才可以保存起来，否则重启后环境变量就恢复原值了。

（7）loadb：用于从串口线下载文件到开发板内存里。

用法举例：

loadb 0x40008000：使下载的文件从内存地址0x40008000开始存放

说明：执行“loady 0x40008000”后，还需要进一步选择要传输的文件，等待传输完成。

（8）md：查看内存地址上的值。

用法举例：

md.b　　0x40008000　　100

说明：从内存地址0x40008000开始，查看0x100个字节并输出。

（9）mw：用于修改内存地址中的值。

用法举例：

mw.w　　0x40008000　　0xabcd 100

说明：从内存地址0x40008000开始的0x200字节空间，每16位值设为0xabcd。

（10）go：执行指定内存地址中的指令。

用法举例：

go　　0x40008000

（11）ping ip地址：检测网络是否畅通。

（12）tftpboot：通过网络下载文件。

用法举例：

tftpboot 0x40008000 文件名

说明：通过网络下载文件到内存地址0x40008000，PC端需配置好tftp服务器。

（13）nfs 0x40008000　　pc端IP：/带路径的文件名

说明：开发板与计算机共享一个目录，要求PC端配置好NFS服务器。

6.8 U-BOOT 常用环境变量

6.8.1 自动运行倒数时间

U-BOOT中的自动运行倒数时间变量为bootdelay。

6.8.2 网络设置变量

（1）ipaddr是开发板的本地IP地址。

（2）serverip是开发板通过tftp指令去服务器下载文件时，tftp服务器的IP地址。

（3）gatewayip是开发板的本地网关地址。

（4）netmask是子网掩码。

（5）ethaddr是开发板的本地网卡的MAC地址。

6.8.3　U-BOOT给kernel传参数

（1）Linux内核启动时可以接收U-BOOT给它传递的启动参数。这些启动参数是U-BOOT与内核约定好的形式、内容，Linux内核在这些启动参数的指导下完成启动过程。这样的设计是为了灵活，使内核在不重新编译的情况下可以用不同的方式启动。

（2）在U-BOOT的环境变量中设置bootargs，然后由bootm命令启动内核时会自动将bootargs传给内核。

（3）bootargs=console=ttySAC2，115200 root=/dev/mmcblk0p2 rw init=/linuxrc rootfstype=ext3

解释：

console = ttySAC2，115200控制台使用串口2，波特率为115200

root = /dev/mmcblk0p2　rw根文件系统在SD卡端口0设备（iNand）第2分区，根文件系统是可读可写的

init = /linuxrc　　Linux的进程1（init进程）的路径

rootfstype = ext3　　根文件系统的类型是ext3

习题6

1. 举例说明常见的U-BOOT命令。
2. 简述U-BOOT代码重定位过程。
3. 简述U-BOOT的两种工作模式。

第7章　嵌入式设备驱动程序设计

设备驱动程序为应用程序屏蔽了硬件的细节，它向下负责和硬件设备的交互，向上通过通用的接口挂接到文件系统上，这样在应用程序看来硬件设备只是一个设备文件。

设备驱动程序实现了系统内核与系统硬件设备之间的接口，基于操作系统的应用程序可以像操作普通文件一样实现对硬件设备进行操作。操作Linux系统中硬件设备的过程，就是在应用程序中调用驱动程序来完成一个文件操作的过程。

7.1　Linux设备驱动程序概述

设备驱动程序，是一种可以使计算机和设备通信的特殊程序，相当于硬件的接口，操作系统只有通过这个接口，才能控制硬件设备的工作，假如某设备的驱动程序未能正确安装，便不能正常工作。

Linux系统内核通过设备驱动程序与外围设备进行交互，设备驱动程序是Linux内核的一部分，它是一组数据结构和函数，这些数据结构和函数通过定义的接口控制一个或多个设备。对于应用程序而言，设备驱动程序隐藏了设备的具体细节，对各种不同设备提供一致的接口。

不同于Windows系统的驱动程序，Linux系统设备驱动程序与硬件设备之间建立了标准的抽象接口。通过这个接口，用户可以像处理普通文件一样，通过open，close，read，write等系统调用对设备进行操作，这大大简化了Linux驱动程序的开发。

Linux系统的驱动程序具有以下特征：

（1）驱动程序是函数集合体，没有main函数。驱动程序需要完成在内核中的加载和注册，才可以被应用程序调用。

（2）加载方式分为内核启动时加载和内核运行过程中按需要动态加载两种方式。驱动程序是与设备相关的。

（3）驱动程序中不能使用标准C库，因此不能调用所有的C库函数。包含的头文件只能是内核的头文件，比如<Linux/module.h>。

（4）驱动程序的代码由内核统一管理。

（5）驱动程序在具有特权级别的内核态下运行。

（6）设备驱动程序是输入输出系统的一部分。

（7）驱动程序是为某个进程服务的，其执行过程仍处在进程运行的过程中，即处于进程的上下文中。

（8）若驱动程序需要等待设备的某种状态，它将阻塞当前进程，把进程加入该设备的等待队列中。

7.1.1　设备的分类

以Linux的方式看待设备，可将设备分为三种基本类型：字符设备、块设备、网络设备。

字符设备：一个字符（ char ）设备是一种可以当作一个字节流来存取的设备（如同一个文件），字符驱动负责实现这种行为。这样的驱动常常至少实现open、close、read和write 系统调用。文本控制台（ /dev/console ）、串口（ /dev/ttyS0 ）、按键等是字符设备的例子。字符设备和一个普通文件之间唯一的不同是，访问指针可以在普通文件中前后移动， 但是字符设备仅仅是数据通道， 只能顺序存取。字符设备驱动程序不需要缓冲且不以固定大小进行操作，它与用户进程之间直接相互传输数据。

块设备：一个块设备（例如一个磁盘）应该是可以驻有一个文件系统的设备。块设备可以处理成块的 I/O 操作， 传送长度经常是2的n次方的数据块（典型如512个字节），并且是随机读写的。典型块设备如光盘、硬盘、软磁盘、磁带等。块设备和字符设备一样可以通过文件系统节点来访问。在大多数Linux系统中，只能将块设备看作多个块进行访问。

网络设备：网络设备驱动通常是通过套接字（Socket）接口来实现操作。任何网络事务的处理都可以通过接口来完成与其他宿主机数据的交换。内核和网络设备驱动程序之间的通信与其他设备和内核之间的通信是完全不同的，它通过复杂的网络协议来保障通信的进行。

一个网络接口负责发送和接收数据报文， 在内核网络子系统的驱动下， 不必知道单个事务是如何映射到实际的被发送报文上的。

字符设备与块设备的主要区别是：在对字符设备发出读/写请求时，实际的硬件

I/O一般紧接着发生。块设备则不然，它利用一块系统内存作为缓冲区，若用户进程对设备的请求能满足用户的要求，就返回请求的数据；否则，就调用请求函数来进行实际的I/O操作。

7.1.2 设备号

用户进程与硬件的交流是通过设备文件进行的，硬件在系统中会被抽象成为一个设备文件，访问设备文件就相当于访问其所对应的硬件。每个设备文件都有其文件属性（c/b），表示是字符设备还是块设备。

每个设备文件的设备号有两个：第一个是主设备号，是驱动程序对应一类设备的标识；第二个是从设备号，用来区分使用共用的设备驱动程序的不同硬件设备。

在Linux2.6内核中，主从设备被定义为一个dev_t类型的32位数，其中前12位表示主设备号，后20位表示从设备号。另外，在include/linux/kdev.h中定义了如下的几个宏来操作主从设备号。

```
#define MAJOR(dev)          ((unsigned int) ((dev) >> MINORBITS))
#define MINOR(dev)          ((unsigned int) ((dev) & MINORMASK))
#define MKDEV(ma, mi)       (((ma) << MINORBITS) | (mi))
```

上述宏分别实现从32位dev_t类型数据中获得主设备号、从设备号及将主设备号和从设备号转换为dev_t类型数据的功能。

主设备号用来标识设备对应的驱动程序，从设备号用来标识唯一的设备。主设备号相同的设备调用相同的驱动程序。

每一个字符设备或块设备都在/dev目录下对应一个设备文件。Linux用户程序通过设备文件（或称设备节点）来使用驱动程序操作字符设备和块设备。

如下所示，在/dev目录下可以查看当前设备：

```
# ls -l
crw-rw----    1 root   root   10, 242 Aug 10   2012 CEC
crw-rw----    1 root   root   10, 243 Aug 10   2012 HPD
crw-rw----    1 root   root   10, 59 Aug 10    2012 adc
crw-rw----    1 root   root   10, 54 Aug 10    2012 alarm
crw-rw----    1 root   root   10, 58 Aug 10    2012 android_adb
crw-rw----    1 root   root   5, 1 Aug 10      2012 console
crw-rw-rw-    1 root   tty    204, 64 Aug 10   08: 00 ttySAC0
crw-rw-rw-    1 root   tty    204, 65 Aug 10   2012 ttySAC1
```

三个重要的宏：

MAJOR（dev_t dev）得到的是dev的高12位

MINOR（dev_t dev）得到的是dev的低20位

MKDEV（ma，mi）是先将主设备号左移20位，再与此设备号相加得到设备号

驱动程序中分配设备号有以下两种方法：

（1）**静态申请**：由开发者指定一个设备号，但要注意，有一些常用的设备号已经被Linux内核开发者分配掉了，为了避免设备号重复，确定设备号前使用“cat /proc/devices”命令即可查看当前系统中所有已经使用了的设备号。确定设备号后，需要在操作系统中注册该设备号：

int register_chrdev_region（dev_t from， unsigned count， const char *name）；

from：要分配的设备编号范围的初始值（从设备号常设为0）。

count：连续编号范围。

name：与编号相关联的设备名称。

（2）**动态分配**：由系统自动分配。推荐动态分配设备号，在注册字符设备前先申请设备号，系统会自动给出一个没有被使用的设备号，这样就避免了冲突。卸载驱动的时候释放掉这个设备号即可。设备号的申请函数如下：

int alloc_chrdev_region（dev_t *dev， unsigned baseminor， unsigned count， const char *name）；

dev：保存申请到的设备号。

baseminor：从设备号起始地址，alloc_chrdev_region可以申请一段连续的多个设备号，这些设备号的主设备号一样，但是从设备号不同，从设备号以baseminor为起始地址开始递增。一般baseminor为0，也就是说从设备号从0开始。

count：要申请的设备号数量。

name：设备名字。

注销字符设备之后要释放掉设备号，设备号释放函数如下：

void unregister_chrdev_region（dev_t from， unsigned count）

此函数有两个参数：

from：要释放的设备号。

count：表示从from开始，要释放的设备号数量。

7.1.3　驱动模块的加载和卸载

Linux 驱动程序有以下两种运行方式：

（1）将驱动程序编译进 Linux 内核中，这样当 Linux 内核启动时就会自动运行驱动程序。

（2）将驱动程序编译成模块，在Linux内核启动以后使用“insmod”命令加载驱动模块，不需要的时候可以用“rmmod”命令卸载。

一般选择将驱动程序编译为模块，这样修改驱动以后只需要编译一下驱动代码即可，不需要编译整个Linux代码。而且在调试的时候，只需要加载或者卸载驱动模块即可，不需要重启整个系统。

模块有加载和卸载两种操作，在编写驱动程序的时候需要注册这两种操作函数，模块的加载和卸载函数如下：

```
module_init（xxx_init）;        //注册模块加载函数
module_exit（xxx_exit）;        //注册模块卸载函数
```

module_init 函数用来向 Linux 内核注册一个模块加载函数，参数xxx_init是需要注册的具体函数，当使用“insmod”命令加载驱动的时候，xxx_init函数就会被调用。module_exit（ ）函数用来向Linux内核注册一个模块卸载函数，参数xxx_exit是需要注册的具体函数，当使用“rmmod”命令卸载具体驱动的时候，xxx_exit函数就会被调用。

7.1.4 字符设备的注册与注销

对于字符设备驱动而言，当驱动模块加载成功以后需要注册字符设备，同样，卸载驱动模块的时候也需要注销字符设备。字符设备的注册和注销函数原型如下所示：

```
static inline int register_chrdev（unsigned int major， const char *name， const struct file_operations *fops）
static inline void unregister_chrdev（unsigned int major， const char *name）
```

register_chrdev函数用于注册字符设备，此函数一共有3个参数，这3个参数的含义如下：

major：主设备号，Linux系统中每个设备都有一个设备号，设备号分为主设备号和从设备号两部分，关于设备号后面会详细讲解。

name：设备名字，指向一个字符串。

fops：结构体file_operations类型指针，指向设备的操作函数集合变量。

unregister_chrdev 函数用于注销字符设备，此函数有两个参数，这两个参数的含义如下。

major：要注销的设备对应的主设备号。

name：要注销的设备对应的设备名。

一般字符设备的注册可在驱动模块的入口函数 xxx_init 中进行，字符设备的注销可在驱动模块的出口函数 xxx_exit 中进行。

7.2　字符设备驱动程序开发

7.2.1　字符设备驱动程序中的重要数据结构体

字符设备驱动程序的编写和使用通常要涉及4个重要的内核数据结构，分别是file_operations结构体、cdev结构体、inode结构体和struct file结构体。

7.2.1.1　file_operations{}结构体

open（）、close（）等设备驱动程序接口，在file_operations{}结构体中定义，该结构体在/include/linux/fs.h文件中：

struct file_operations {

struct module *owner；//拥有该结构模块的指针，一般为THIS_MODULES

loff_t（*llseek）（struct file *，loff_t，int）；//用来修改文件当前的读写位置

ssize_t（*read）（struct file *，char __user *，size_t，loff_t*）；//从设备中同步读取数据 ssize_t（*write）（struct file *，const char __user *，size_t，loff_t *）；//向设备发送数据

unsigned int（*poll）（struct file *，struct poll_table_struct *）；//轮询函数，判断目前是否可以进行非阻塞的读出或写入

int（*ioctl）（struct inode*，struct file*，unsigned int，unsigned long）；//执行设备I/O控制命令

int（*mmap）（struct file*，struct vm_area_struct*）；//用于请求将设备内存映射到进程地址空间

int（*open）（struct inode *，struct file *）；//打开

int（*flush）（struct file*，fl_owner_t id）；//清除内容，一般只用于网络文件系统中

int（*release）（struct inode*，struct file*）；//关闭

int（*fsync）（struct file*，struct dentry*，int datasync）；//实现内存与设备的同步，如将内存数据写入硬盘

int（*fasync）（int，struct file*，int）；//通知设备FASYNC标志发生变化，实现内存与设备之间的异步通信

……

}；

一个设备驱动程序中，未必要实现上述的全部接口函数，只要根据需要实现若

干个函数即可。

7.2.1.2　cdev{}结构体

在Linux内核中，使用cdev结构体来描述一个字符设备，cdev结构体的定义如下：

<include/linux/cdev.h>

```
struct cdev {
struct kobject kobj;                    //内嵌的内核对象
struct module *owner;                   //该字符设备所在的内核模块的对象指针
const struct file_operations *ops;      //该结构描述了字符设备所能实现的方法
struct list_head list;                  //用来将已经向内核注册的所有字符设备形成链表
dev_t dev;                              //字符设备的设备号，由主设备号和从设备号构成
unsigned int count;                     //隶属于同一主设备号的从设备号的个数
};
```

7.2.1.3　inode{}结构体

一个索引节点代表了文件系统的一个文件，在创建文件被删除时销毁。索引节点仅在文件被访问时，才在内存中创建，且无论有多少个副本访问这个文件，inode结构体只存在一份。

索引节点对象由inode结构体表示，定义在文件linux/fs.h中。

```
struct inode {
struct hlist_node i_hash;  哈希表
struct list_head i_list;  索引节点链表
struct list_head i_dentry;  目录项链表
unsigned long i_ino;  节点号
atomic_t i_count;  引用记数
umode_t i_mode;  访问权限控制
uid_t i_uid;  使用者id
gid_t i_gid;  使用者id组
kdev_t i_rdev;  实际设备标识符
loff_t i_size;  以字节为单位的文件大小
……
};
```

7.2.1.4　struct file结构体

struct file结构体在include/linux/fs.h文件中定义。文件结构体代表一个打开的文件，系统中的每个打开的文件在内核空间都有一个关联的struct file。它由内核在打开文件时创建，并传递给在文件上进行操作的任何函数。在文件的所有实例都关闭

后，内核释放这个数据结构。在内核创建和驱动源码中，struct file的指针通常被命名为file或filp。

struct file 结构体如下所示：

struct file {

union {

struct list_head fu_list；　文件对象链表指针linux/include/linux/list.h

struct rcu_head fu_rcuhead；　RCU（Read-CopyUpdate）是Linux 2.6内核中新的锁机制

} f_u；

struct path f_path；　包含dentry和mnt两个成员，用于确定文件路径

#define f_dentry f_path.dentryf_path当前文件的dentry结构

#define f_vfsmnt f_path.mnt 表示当前文件所在文件系统的挂载根目录

const struct file_operations *f_op；与该文件相关联的操作函数

atomic_t f_count；　文件的引用计数（有多少进程打开该文件）

unsigned int f_flags；　对应于open时指定的flag

mode_t f_mode；　读写模式，open的mod_t mode参数

off_t f_pos；　该文件在当前进程中的文件偏移量

……

}；

inode结构体表示一个文件，file结构体表示一个抽象的打开的文件，file_operations 结构体是 file 结构体的一个成员。

每个进程为每个打开的文件分配一个文件描述符，每个文件描述符对应一个file结构体，同一个文件被不同的进程打开后，在不同的进程中会有不同的file文件结构，其中包括文件的操作方式（只读/只写/读写）、偏移量，以及指向inode的指针等。这样，不同的file结构体指向了同一个inode节点。

7.2.2　字符设备驱动程序设计流程

Linux系统中，应用程序调用驱动程序的流程如图7-1所示。

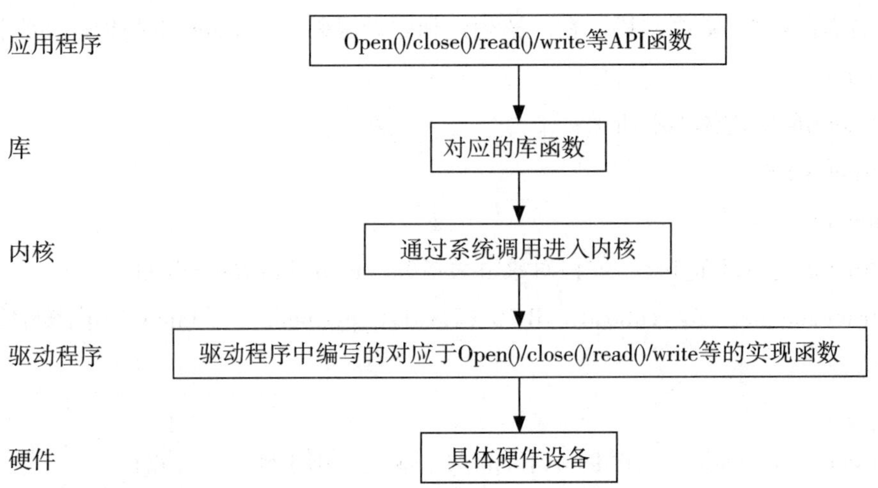

图 7–1　Linux 系统中应用程序对驱动程序的调用流程

在Linux中一切皆为文件，驱动加载成功后会在“/dev”目录下生成一个名为“/dev/xxx”（xxx是具体的驱动文件名字）的文件。应用程序使用open、close、write、read等函数来操作这个文件，即可实现对硬件的操作。

应用程序运行在用户空间，而Linux驱动属于内核的一部分，因此驱动运行于内核空间。因为用户空间不能直接对内核进行操作，所以必须使用一个叫作“系统调用”的方法来实现从用户空间“陷入”内核空间，这样才能实现对底层驱动的操作。open、close、write 和read 等这些函数是由C 库提供的，系统调用时作为C库的一部分。

7.2.3　字符设备驱动程序设计案例

7.2.3.1　案例1：Bubble_DEMO

驱动程序列表：

Bubble_write（）：实现将用户写入的数据进行冒泡算法排序。

Bubble_read（）：返回冒泡排序后的数据。

Bubble_ioctl（）：实现接口调用的过程。

应用层程序列表：

test_demo.c：应用层用户测试程序源码。

Makefile：驱动程序编译配置文件。

函数说明：

static void　Bubble_write（）（void）；

static ssize_t　Bubble _write（struct file *filp，const char *bufptr，size_t count）

static ssize_t　Bubble _read（struct file *filp，char *bufptr，size_t count，loff_t

```
*ppos）；
    static int Bubble_ioctl（struct inode *inode，struct file *file，unsigned int cmd，
unsigned long arg）；
    static int Bubble_open（struct inode *inode，struct file *file）；
    static int Bubble_release（struct inode *inode，struct file *filp）；
    static int__init Bubble_init（void）；
    static void__exit Bubble_exit（void）；
```

7.2.3.1.1　头文件

```
#include <linux/init.h>         //初始化相关头文件
#include <linux/module.h>       //内核模块头文件
#include <linux/kernel.h>       //内核模块头文件
#include <linux/sched.h>        //包含了进行正确性检查的宏
#include <linux/fs.h>           //文件系统头文件
#include <linux/errno.h>        //错误处理头文件
#include <linux/slab.h>         //kmalloc（）头文件
#include <linux/proc_fs.h>      //进程调度头文件
#include <asm/types.h>          //数据类型头文件
#include <asm/poll.h>           //COPY_TO_USR（）头文件
#define DEVICE_NAME "Bubble_DEMO"
#define DEMORAW_MINOR 1
#define DEVICE_Devfs_path "Bubble_DEMO /0"
static      int WRITE_LENGTH=0;
static      int DEV_Major=0;
static      int BUF_LENTH=1024;
static      char Bubble_buf［1024］；
```

7.2.3.1.2　void do_ Bubble（void）函数

```
/*************************************************************
功能：冒泡排序drv_buf［ ］中的数据，被Bubble_write（ ）函数调用。
入口参数：排序前的数据Bubble_buf［ ］。
出口参数：排序后的数据，存入Bubble_buf［ ］。
*************************************************************/
static void do_ Bubble （int a ［ ］，int len）
```

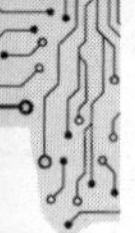


```
{
   int i, j, temp;
   for (j=0; j<len-1; j ) //len-1是因为不用与自己比较
   {
     int count = 0;
     for (i = 0; i<len-1-j; i++) //len-1-j是因为每一趟就会少一个数比较
     {
       if (a[i] > a[i+1]) //升序排法，如果前数大则与后一个数换位置
       {
         temp=a[i];
         a[i] = a[i+1];
         a[i+1] = temp;
         count = 1;
         }
     }
     if (count==0) //如果某一趟没有交换位置，则说明已经排好序，排序结束
         break;
   }
}
```

7.2.3.1.3 Bubble_write ( ) 函数

```
/*****************************************************************
功能：（1）将用户数据复制到内核数组Bubble_buf[ ]中，对应于应用层的write接口调用；
      （2）调用do_ Bubble ( ) 函数对Bubble_buf[ ]中的数据进行排序。
入口参数：filp指向设备文件的ID，即用户程序test_demo.c中打开的设备。
    bufptr指向应用层的用户数据起始地址。
    count为用户缓冲区数据长度。
出口参数：排序后的数据，存入Bubble_buf[ ]。
*****************************************************************/
static ssize_t Bubble_write (struct file *filp, const char __user *bufptr, size_t count, loff_t * ppos)
{
  if (count > BUF_LENTH) count = BUF_LENTH;
```

```
    copy_from_user（Bubble_buf， bufptr， count）；
    WRI_LENGTH = count;
    do_ Bubble（）；
    return count;
}
/*****************************************************************/
```

7.2.3.1.4　Bubble_read（ ）函数

```
/*****************************************************************
功能：将内核Bubble_buf［ ］数据复制到用户空间，对应于应用层的read接口调用。
入口参数：filp指向设备文件的ID，即用户程序test_demo.c中打开的设备。
    buffer指向应用层的用户数据起始地址。
    count为用户缓冲区数据长度。
    ppos为用户在文件中进行存储操作的位置。
出口参数：返回排序数组的长度。
*****************************************************************/
static ssize_t Bubble_read（struct file *filp， char __user *bufptr， size_t count， loff_t *ppos）
{
    if（count > BUF_LEN）
        count=BUF_LEN;
    copy_to_user（bufptr， Bubble_buf，count）；
    return count;
}
/*****************************************************************/
```

7.2.3.1.5　Bubble_ioctl（ ）函数

```
/*****************************************************************
功能：对应于应用层的ioctl接口调用。
入口参数：filp指向设备文件的ID，即用户程序test_demo.c中打开的设备。
    cmd指向应用层参数。
    arg为应用层参数列表。
出口参数：正确返回0，错误返回提示信息。
```

```
*************************************************************/
static int demo_ioctl（struct inode *inode， struct file *filp，
                    unsigned int cmd， unsigned long arg）
{
   switch（cmd）{
       case 1:printk（"Now is runing command 1 \n"）； break;
       case 2:printk（"Now is runing command 2 \n"）； break;
       default:
         printk（"error command \n"）； break;
   }
   return 0;
}
/*******************************************************************/
```

7.2.3.1.6 Bubble_open（）函数

```
/*************************************************************
功能：对应于应用层的open接口调用。
入口参数：设备文件节点。
出口参数：无。
*************************************************************/
static int Bubble_open（struct inode *inode， struct file *file）
{
   printk（KERN_DEBUG " Bubble device open Ok!\n"）；
   return 0;
}
/*******************************************************************/
```

7.2.3.1.7 Bubble_release（）函数

```
/*************************************************************
功能：对应于应用层的close接口调用，释放设备。
入口参数：设备文件节点指针。
出口参数：无。
*************************************************************/
static void Bubble_release（struct inode *inode， struct file *fike）
```

```
    {
        {
        printk（KERN_DEBUG " Bubble device release\n"）;
        return 0;
}
}
/***************************************************************/
```

7.2.3.1.8 Bubble_fops（ ）

```
/*********************************************************
功能：设备驱动文件结构体。
*********************************************************/
static struct file_operations Bubble_fops = {
      owner: THIS_MODULE,
      write: Bubble_write,
      read: Bubble_read,
      ioctl: Bubble_ioctl,
      open: Bubble_open,
release: Bubble_release}
```

7.2.3.1.9 Bubble_init（ ）函数

```
/*********************************************************
功能：调用register_chrdev向内核字符设备链表注册该字符设备。
入口参数：无。
出口参数：无。
*********************************************************/
static int __init Bubble_init（void）
{
int retnum;
      retnum = register_chrdev（0， DEVICE_NAME， &Bubble_fops）;
      if （retnum < 0）{
        printk（DEVICE_NAME "register_chrdev fail!\n"）;
        return retnum;
    }
```

```
    DEV_Major=retnum;
    printk（DEVICE_NAME "register_chrdev success!\n"）
    return 0;
}
/*****************************************************************/
```

7.2.3.1.10 Bubble_exit（ ）函数

```
/**********************************************************
功能：调用unregister_chrdev向内核字符设备链表注销该字符设备。
入口参数：无。
出口参数：无。
**********************************************************/
#ifdef MODULE
void __exit Bubble_exit（void）
{
    unregister_chrdev（DEV_Major， DEVICE_NAME）;
}
module_exit（Bubble_exit）;
#endif
/*****************************************************************/
```

7.2.3.1.11 Module

```
module_init（Bubble_init）;                    //模块初始化
MODULE_LICENSE（"Dual BSD/GPL"）;   //版权信息
```

7.2.3.1.12 应用层源码分析

```
#include <stdlib.h>
#include <fcntl.h>
#include <unistd.h>
#include <sys/ioctl.h>
void printbuf（char *buf）;
int main（ ）
{
    int fd, i;
```

```
    int buffer [ 16 ] = {9, 8, 7, 13, 5, 2, 1, 3, 10, 58, 26, 60, 33, 74, 6, 4};
    fd=open ( "/dev/Bubble_demo", O_RDWR ) ; //打开设备节点/dev/Bubble_demo
    if ( fd < 0 ) {
      printf ( "******Bubble device open fail!******\n" ) ;
      return  ( -1 ) ; }
    printf ( "write data to /dev/ Bubble_demo" ) ;
    printbuf ( buffer ) ;
    write ( fd, buffer, MAX_LEN ) ;          //向设备节点/dev/demo 写入数组内容
    printf ( "read data from /dev/ Bubble_demo \n" ) ;
    read ( fd, buffer, MAX_LEN ) ;           //从设备节点/dev/demo读回数组内容
并显示
    printbuf ( buf ) ;
    close ( fd ) ;              //驱动程序定义了release，这里使用系统调用
    return 0;
  }
  void printbuf ( char *buf )
  { int i, j=0;
    for ( i=0; i<MAX_LEN; i++ ) {
      if ( i%8==0 )
        printf ( "\n%8d: " , j++ ) ;
      printf ( "\n%8d:" , buf [ i ] ) ; }
printf ( "\n*****************************************************" ) ; }
```

7.2.3.1.13　Makefile源码分析

```
TARGET = test_demo
CROSS_COMPILE = arm-linux-    #确认交叉编译器
CC = $ ( CROSS_COMPILE ) gcc
STRIP = $ ( CROSS_COMPILE ) strip
ifeq  ( $ ( KERNELRELEASE ) ,  )
KERNELDIR =/topeet/SRC/kernel/linux-2.6.35.7      #确认系统内核路径
PWD := $ ( shell pwd )
all: $ ( TARGET )  modules
$ ( TARGET ) :
$ ( CC )  -o $ ( TARGET )  $ ( TARGET ) .c
```

```
modules:
$（MAKE）-C $（KERNELDIR） M=$（PWD） modules
modules_install:
$（MAKE）-C $（KERNELDIR） M=$（PWD） modules_install
clean:
rm -rf *.o *~ core .depend .*.cmd *.ko *.mod.c .tmp_versions $（TARGET）
.PHONY: modules modules_install clean
else
obj-m := demo.o                #编译生成驱动程序模块demo.ko
endif
```

7.2.3.1.14 编译下载运行

make clean　　　　//清理中间结果

make　　　　//编译，会生成demo.ko模块

chmod 777 test_demo

在开发板上采用NFS挂载到宿主机目录，通过串口终端向开发板发送指令：

insmod demo.ko　　//在开发板里挂载驱动模块

cat /proc/devices　//查看设备号，假设设备号为251

mknod /dev/demo c 251 0　　//建立设备节点 c:代表字符设备；251:主设备号；0:次设备号

./test.demo　　　　//运行应用程序

结果为：

```
Write bytes data to /dev/demo
0:  9   8   7   13
1:  5   2   1   3
2:  10  58  26  60
3:  33  74  6   4
*************************************************************
Read bytes data to /dev/demo
0:  1   2   3   4
1:  5   6   7   8
2:  9   10  13  26
3:  33  58  60  74
**************************************************************
```

7.2.3.2　案例2：LED驱动

7.2.3.2.1　实验原理

（1）内存映射。

Linux内核启动的时候会初始化MMU（Memory Manage Unit，内存管理单元），MMU 主要完成功能：

① 虚拟空间到物理空间的映射。

② 内存保护，设置存储器的访问权限，设置虚拟存储空间的缓冲特性。设置好内存映射，以后CPU访问的都是虚拟地址。比如i.MX6ULL的GPIO1_IO03引脚的复用寄存器IOMUXC_SW_ MUX_CTL_ PAD_GPIO1_IO03的地址为0X020E0068。开启了MMU，并且设置了内存映射，就不能直接向0X020E0068地址写入数据了。必须得到0X020E0068这个物理地址在Linux系统里面对应的虚拟地址，这就涉及物理内存和虚拟内存之间的转换，需要用到两个函数，即ioremap 和 iounmap。

ioremap 函数

ioremap函数用于获取指定物理地址空间对应的虚拟地址空间，定义在arch/arm/inc lude /asm/io.h 文件中，定义如下：

void *__ioremap（unsigned long phys_addr，unsigned long size，unsigned long flags）

参数如下：

phys_addr：要映射的物理起始地址。

size：要映射的内存空间大小。

mtype：ioremap 的类型，可以选择 MT_DEVICE、MT_DEVICE_NONSHARED、MT_DEVICE_CACHED 或 MT_DEVICE_WC，ioremap 函数选择 MT_DEVICE。

返回值：__iomem 类型的指针，指向映射后的虚拟空间首地址。

假如我们要获取 i.MX6ULL 的 IOMUXC_SW_MUX_CTL_PAD_GPIO1_IO03 寄存器对应的虚拟地址，使用如下代码即可：

```
#define SW_MUX_GPIO1_IO03_BASE
（0X020E0068）
static void __iomem * SW_MUX_GPIO1_IO03;
SW_MUX_GPIO1_IO03 = ioremap（GPIO1_GDIR_BASE， 4）；
```

宏SW_MUX_GPIO1_IO03_BASE 是寄存器的物理地址，SW_MUX_GPIO1_IO03 是映射后的虚拟地址。对于 i.MX6ULL 来说，一个寄存器是 4 字节（32 位）的，因此映射的内存长度为4。映射完成后，直接对 SW_MUX_GPIO1_IO03 进行读写操作即可。

iounmap 函数

卸载驱动时需要使用 iounmap 函数释放 ioremap 函数所做的映射，iounmap 函数的原型如下：

void iounmap（void* addr）//取消ioremap所映射的I/O地址

iounmap只有一个参数addr，此参数是要取消映射的虚拟地址空间的首地址。假如我们现在要取消 IOMUXC_SW_MUX_CTL_PAD_GPIO1_IO03 寄存器的地址映射，使用以下代码即可：

iounmap（SW_MUX_GPIO1_IO03）;

（2）I/O 内存访问函数。

这里涉及两个概念：I/O 端口和 I/O 内存。当外部寄存器或内存映射到 I/O 空间时，称为 I/O 端口。当外部寄存器或内存映射到内存空间时，称为 I/O 内存。ARM 体系下只有 I/O 内存（可以理解为内存）。使用ioremap 函数将寄存器的物理地址映射到虚拟地址以后，我们就可以直接通过指针访问这些地址，但是 Linux 内核不建议这么做，而是推荐使用一组操作函数来对映射后的内存进行读写操作。

读操作函数

读操作函数有以下几个：

① u8 readb（const volatile void __iomem *addr）

② u16 readw（const volatile void __iomem *addr）

③ u32 readl（const volatile void __iomem *addr）

readb、readw 和 readl 这三个函数分别对应 8bit、16bit 和 32bit 读操作，参数 addr 是要读取写内存的地址，返回值是读取到的数据。

写操作函数

写操作函数有以下几个：

① void writeb（u8 value， volatile void __iomem *addr）

② void writew（u16 value， volatile void __iomem *addr）

③ void writel（u32 value， volatile void __iomem *addr）

writeb、writew 和 writel 这三个函数分别对应 8bit、16bit和 32bit写操作，参数 value 是要写入的数值，addr 是要写入的地址。

7.2.3.2.2 实验内容

开发板LED电路原理如图7-2所示。

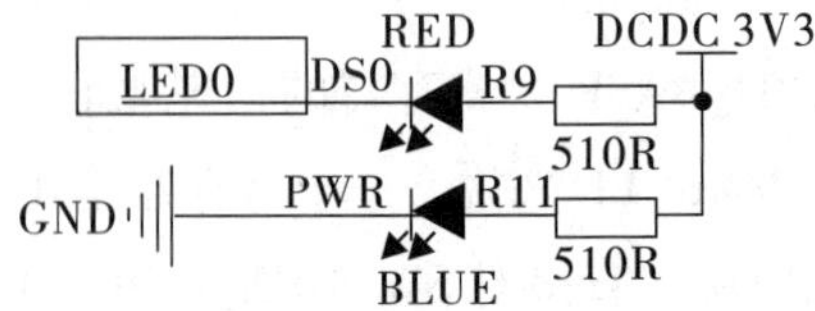

图 7-2 开发板 LED 电路原理图

LED0 收到了GPIO1_IO03，当GPIO1_IO03输出低电平（0）的时候，发光二极管

LED0 就会导通点亮，当GPIO1_IO03 输出高电平（1）的时候，发光二极管 LED0 不会导通， LED0 也就不会点亮。

（1）驱动程序：led.c（开发板配套例程02_led）。

```
#include <linux/types.h>
#include <linux/kernel.h>
#include <linux/delay.h>
#include <linux/ide.h>
#include <linux/init.h>
#include <linux/module.h>
#include <linux/errno.h>
#include <linux/gpio.h>
#include <asm/mach/map.h>
#include <asm/uaccess.h>
#include <asm/io.h>
#define LED_MAJOR 200 /* 主设备号 */
#define LED_NAME "led" /* 设备名字 */
#define LEDOFF 0 /* 关灯 */
#define LEDON 1 /* 开灯 */
/* 寄存器物理地址 */
#define CCM_CCGR1_BASE （0X020C406C）
#define SW_MUX_GPIO1_IO03_BASE （0X020E0068）
#define SW_PAD_GPIO1_IO03_BASE （0X020E02F4）
#define GPIO1_DR_BASE （0X0209C000）
#define GPIO1_GDIR_BASE （0X0209C004）
/* 映射后的寄存器虚拟地址指针 */
static void __iomem *IMX6U_CCM_CCGR1;
static void __iomem *SW_MUX_GPIO1_IO03;
static void __iomem *SW_PAD_GPIO1_IO03;
static void __iomem *GPIO1_DR;
static void __iomem *GPIO1_GDIR;
```

```
/*
* @description： LED 打开/关闭
* @param - sta： LEDON（0）打开 LED，LEDOFF（1）关闭 LED
* @return： 无
*/
void led_switch（u8 sta）
{
u32 val = 0;
if（sta == LEDON）{
val = readl（GPIO1_DR）；
val &= ~（1 << 3）；
writel（val， GPIO1_DR）；
}else if（sta == LEDOFF）{
val = readl（GPIO1_DR）；
val|= （1 << 3）；
writel（val， GPIO1_DR）；
}
}

/*
* @description： 打开设备
* @param - inode： 传递给驱动的 inode
* @param - filp： 设备文件，file 结构体中有个叫作 private_data 的成员变量
* 一般在 open 状态下将 private_data 指向设备结构体
* @return： 0 成功；其他 失败
*/
static int led_open（struct inode *inode， struct file *filp）
{
return 0;
}

/*
* @description： 从设备读取数据
* @param - filp： 要打开的设备文件（文件描述符）
```

```
* @param – buf： 返回给用户空间的数据缓冲区
* @param – cnt： 要读取的数据长度
* @param – offt： 相对于文件首地址的偏移
* @return： 读取的字节数，如果为负值，表示读取失败
*/
static ssize_t led_read（struct file *filp， char __user *buf, size_t cnt， loff_t *offt）
{
return 0;
}

/*
* @description： 向设备写数据
* @param – filp： 设备文件，表示打开的文件描述符
* @param – buf： 要对设备写入的数据
* @param – cnt： 要写入的数据长度
* @param – offt： 相对于文件首地址的偏移
* @return： 写入的字节数，如果为负值，表示写入失败
*/
static ssize_t led_write（struct file *filp， const char __user *buf, size_t cnt， loff_t *offt）
{
int retvalue;
unsigned char databuf［1］；
unsigned char ledstat;

retvalue = copy_from_user（databuf， buf， cnt）；
if（retvalue < 0）{
printk（"kernel write failed！ \r\n"）；
return –EFAULT;
}

ledstat = databuf［0］； /* 获取状态值 */
```

```
if ( ledstat == LEDON ) {
led_switch ( LEDON ) ;  /* 打开 LED 灯 */
} else if ( ledstat == LEDOFF ) {
led_switch ( LEDOFF ) ;  /* 关闭 LED 灯 */
}
return 0;
}

/*
* @description :  关闭/释放设备
* @param - filp :  要关闭的设备文件（文件描述符）
* @return :  0 成功；其他 失败
*/
static int led_release ( struct inode *inode,  struct file *filp )
{
return 0;
}

/* 设备操作函数 */
static struct file_operations led_fops = {
.owner = THIS_MODULE,
.open = led_open,
.read = led_read,
.write = led_write,
.release = led_release,
};

/*
* @description :  驱动入口函数
* @param :  无
* @return :  无
*/
static int __init led_init ( void )
{
```

```
int retvalue = 0;
u32 val = 0;
/* 初始化 LED */
/* 1. 寄存器地址映射 */
IMX6U_CCM_CCGR1 = ioremap（CCM_CCGR1_BASE， 4）；
SW_MUX_GPIO1_IO03 = ioremap（SW_MUX_GPIO1_IO03_BASE， 4）；
SW_PAD_GPIO1_IO03 = ioremap（SW_PAD_GPIO1_IO03_BASE， 4）；
GPIO1_DR = ioremap（GPIO1_DR_BASE， 4）；
GPIO1_GDIR = ioremap（GPIO1_GDIR_BASE， 4）；
/* 2. 使能 GPIO1 时钟 */
val = readl（IMX6U_CCM_CCGR1）；
val &= ~（3 << 26）； /* 清除以前的设置 */
val |= （3 << 26）； /* 设置新值 */
writel（val， IMX6U_CCM_CCGR1）；
/* 3. 设置 GPIO1_IO03 的复用功能，将其复用为
* GPIO1_IO03，最后设置 IO 属性。
*/
writel（5， SW_MUX_GPIO1_IO03）；
/* 寄存器 SW_PAD_GPIO1_IO03 设置 IO 属性 */
writel（0x10B0， SW_PAD_GPIO1_IO03）；
/* 4. 设置 GPIO1_IO03 为输出功能 */
val = readl（GPIO1_GDIR）；
val &= ~（1 << 3）； /* 清除以前的设置 */
val |= （1 << 3）； /* 设置为输出 */
writel（val， GPIO1_GDIR）；
/* 5. 默认关闭 LED */
val = readl（GPIO1_DR）；
val |= （1 << 3）；
```

```
writel（val， GPIO1_DR）；

/* 6. 注册字符设备驱动 */
retvalue = register_chrdev（LED_MAJOR， LED_NAME， &led_fops）；
if（retvalue < 0）{
printk（"register chrdev failed！ \r\n"）；
return -EIO;
}
return 0;
}

/*
* @description： 驱动出口函数
* @param： 无
* @return： 无
*/
static void __exit led_exit（void）
{
/* 取消映射 */
iounmap（IMX6U_CCM_CCGR1）；
iounmap（SW_MUX_GPIO1_IO03）；
iounmap（SW_PAD_GPIO1_IO03）；
iounmap（GPIO1_DR）；
iounmap（GPIO1_GDIR）；

/* 注销字符设备驱动 */
unregister_chrdev（LED_MAJOR， LED_NAME）；
}

module_init（led_init）；
module_exit（led_exit）；
MODULE_LICENSE（"GPL"）；
MODULE_AUTHOR（"ybun"）；
```

程序说明：

第137-141行，通过ioremap函数获取物理寄存器地址映射后的虚拟地址，就可以完成相关初始化工作，如使能GPIO1时钟，设置 GPIO1_IO03复用功能，配置 GPIO1_IO03的属性等。

第182-192行，驱动出口函数led_exit，首先使用函数iounmap取消内存映射，然后使用函数unregister_chrdev注销led这个字符设备。

（2）测试代码。

test.c文件：

```
#define LEDOFF    0
#define LEDON     1
int main（int argc， char *argv［ ］）
{
  int fd， retvalue;
  char *filename;
  unsigned char databuf［1］；
  if（argc ！ = 3）{
    printf（"Error Usage！ \r\n"）；
    return -1;
  }
  filename = argv［1］；
  /* 打开led驱动 */
  fd = open（filename， O_RDWR）；
  if（fd < 0）{
    printf（"file %s open failed！ \r\n"， argv［1］）；
    return -1;
  }
  databuf［0］ = atoi（argv［2］）；     /* 要执行的操作：打开或关闭 */
  /* 向/dev/led文件写入数据 */
  retvalue = write（fd， databuf， sizeof（databuf））；
  if（retvalue < 0）{
    printf（"LED Control Failed！ \r\n"）；
    close（fd）；
    return -1;
  }
  retvalue = close（fd）； /* 关闭文件 */
```

```
    if ( retvalue < 0 ) {
        printf ( "file %s close failed! \r\n",  argv [ 1 ] ) ;
        return -1;
    }
    return 0;
}
```

（3）编译。

Makefile:

```
1 KERNELDIR：=/home/zuozhongkai/linux/IMX6ULL/linux/temp/linux-imx- rel_imx_4.1.15_2.1.0_ga_alientek
2 CURRENT_PATH : = $ ( shell pwd )
3 obj-m : = led.o
4
5 build: kernel_modules
6
7 kernel_modules:
8 $ ( MAKE ) -C $ ( KERNELDIR ) M=$ ( CURRENT_PATH ) modules
9 clean:
10 $ ( MAKE ) -C $ ( KERNELDIR ) M=$ ( CURRENT_PATH ) clean
```

第1行，KERNELDIR表示开发板所使用的Linux内核源码目录为绝对路径。

第2行，CURRENT_PATH表示当前路径，直接通过运行“pwd”命令来获取当前所处路径。

第3行，obj-m 表示将led.c文件编译为led.ko模块。

第8行，是具体的编译命令，后面的modules表示编译模块，-C表示将当前的工作目录切换到指定目录中，也就是KERNERLDIR目录。M表示模块源码目录，“make modules”命令中加入M=dir以后，程序会自动转到指定的dir目录中读取模块的源码并将其编译为.ko文件。

Makefile编写好以后输入“make”命令编译驱动模块，编译成功后就会生成一个叫作led.ko的文件，该文件是led设备的驱动模块。至此，LED设备的驱动编译成功。

输入如下命令编译测试test.c这个测试程序：

```
arm-linux-gnueabihf-gcc test.c -o test
```

（4）运行。

测试过程中test和led.ko文件拷贝到nfs目录下，然后在开发板上输入以下命令进行测试：

```
cd nfs/
ls
led.ko  test
./test /dev/led 0
Open /dev/led success！ this led_open
./test /dev/led  1
Open /dev/led success！ this led_open
./test /dev/led 1
Open /dev/led success！ this led_open
./test /dev/led 0
Open /dev/led success！ this led_open
```

7.2.3.3　案例3：内核定时器驱动

7.2.3.3.1　内核定时器介绍

Linux 内核使用 timer_list 结构体表示内核定时器，timer_list 定义在文件include/linux/timer.h 中。

要使用内核定时器，首先要定义一个 timer_list 变量，表示定时器，tiemr_list 结构体的expires 成员变量表示超时时间，单位为节拍数。比如我们现在需要定义一个周期为 2 秒的定时器，那么这个定时器的超时时间就是 jiffies+（2*Hz），则expires =jiffies+（2*Hz）。function 是定时器超时以后的定时处理函数。定义好定时器以后还需要通过一系列的 API 函数来初始化此定时器，这些函数如下

（1）init_timer 函数。

init_timer 函数负责初始化 timer_list 类型变量，当我们定义了一个timer _list 变量后，一定要先用 init_timer 初始化。init_timer 函数原型如下：

void init_timer（struct timer_list *timer）

函数参数和返回值含义如下：

timer：要初始化的定时器。

返回值：无。

（2）add_timer 函数。

add_timer 函数用于向 Linux 内核注册定时器，使用 add_timer 函数向内核注册定时器以后，定时器就会开始运行。add_timer函数原型如下：

void add_timer（struct timer_list *timer）

函数参数和返回值含义如下：

timer：要注册的定时器。

返回值：无。

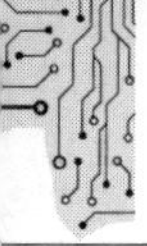

（3）del_timer 函数。

del_timer 函数用于删除一个定时器，不管定时器有没有被激活，都可以使用此函数删除。在多处理器系统上，定时器可能会在其他的处理器上运行，因此在调用del_timer函数删除定时器之前要先等待其他处理器的定时器函数退出。del_timer函数原型如下：

int del_timer (struct timer_list * timer)

函数参数和返回值含义如下：

timer：要删除的定时器。

返回值：0，定时器还没被激活；1，定时器已经激活。

（4）del_timer_sync 函数。

del_timer_sync 函数是 del_timer 函数的同步版，会等待其他处理器使用完定时器再删除，del_timer_sync 不能使用在中断上下文中。del_timer_sync 函数原型如下所示：

int del_timer_sync (struct timer_list *timer)

函数参数和返回值含义如下：

timer：要删除的定时器。

返回值：0，定时器还没被激活；1，定时器已经激活。

（5）mod_timer 函数。

mod_timer 函数用于修改定时值，如果定时器还没被激活，mod_timer 函数会激活定时器。mod_timer函数原型如下：

int mod_timer (struct timer_list *timer, unsigned long expires)

函数参数和返回值含义如下：

timer：要修改超时时间（定时值）的定时器。

expires：修改后的超时时间。

返回值：0，调用 mod_timer 函数前定时器未被激活；1，调用 mod_timer 函数前定时器已被激活。

7.2.3.3.2　内核定时器驱动程序设计

（1）头文件。

```
#include <linux/jiffies.h>
#include <linux/init.h>
#include <linux/module.h>
#include <linux/kernel.h>
struct timer_list timer;
```

（2）驱动程序。

```
void my_func（unsigned long arg）
{
  printk（"this is timer function.\r\n"）；
  mod_timer（&timer，jiffies+3*HZ）；
}

static int __init timer_init（void）
{
  printk（"*****The timer init！ *****\r\n"）；
  setup_timer（&timer，my_func，（unsigned long）"my_time"）；
  //init_timer（&timer）； /* 初始化定时器 */
  //timer.function = function； /* 设置定时处理函数 */
  timer.expires=jiffies + 2*Hz； /* 超时时间 2 秒 */
  //timer.data = （unsigned long）&dev； /* 将设备结构体作为参数 */
  add_timer（&timer）；
  return 0；
}
void __exit timer_exit（void）
{
  printk（"*****The timer exit！ *****\r\n"）；
  del_timer（&timer）； /* 删除定时器 */
}
MODULE_LICENSE（"GPL"）；
module_init（timer_init）；
module_exit（timer_exit）；
```

（3）Makefile。

```
KERNELDIR：=/home/zuozhongkai/linux/IMX6ULL/linux/temp/linux-imx-rel_imx_4.1.15_2.1.0_ga_alientek
CURRENT_PATH ：= $（shell pwd）
obj-m ：= timer.o
build： kernel_modules
kernel_modules：
```

```
$（MAKE）-C $（KERNELDIR） M=$（CURRENT_PATH） modules
clean:
$（MAKE）-C $（KERNELDIR） M=$（CURRENT_PATH） clean
```

（4）下载运行。

该步骤如同前例，在开发板中执行以下代码：

```
mknod    /dev/timer    c    200    0
Insmod    timer.ko
```

则定时器启动，并不断显示：

```
This    is    timer    function.
```

7.2.3.4 案例4：基于cdev的驱动程序设计

7.2.3.4.1 概述

在Linux2.6后期的内核版本中，引入了cdev结构体来描述一个字符设备，它的结构体成员如下：

```
struct cdev {
struct kobject kobj;                    // 内嵌的kobject对象
struct module *owner;                   // 所属模块
const struct file_operations *ops;      //文件操作结构体
struct list_head list;                  // 链表句柄
dev_t dev;                              // 设备号
unsigned int count;
};
```

与这个结构体相关的处理函数有：

void cdev_init（struct cdev *，struct file_operations *）；

功能：初始化 cdev 的成员，主要是设置 file_operations。

strcut cdev *cdev_alloc（void）；

功能：动态申请 cdev 内存。

void cdev_put（strcut cdev *p）；

功能：与 count 计数相关的操作。

int cdev_add（struct cdev *，dev_t，unsigned）；

功能：向系统中添加一个 cdev，注册字符设备，需要在驱动被加载的时候调用。

void cdev_del（struct cdev *）；

功能：从系统中删除一个cdev，注销字符设备，需要在驱动被卸载的时候调用。

动态申请设备号函数：

int alloc_chrdev_region（dev_t *dev， unsigned baseminor， unsigned count， const char *name）;

若已知设备的主设备号和从设备号，可使用如下所示函数来注册设备号：

int register_chrdev_region（dev_t from， unsigned count， const char *name）;

参数from是要申请的起始设备号，也就是给定的设备号；参数 count 是要申请的数量，一般是一个；参数 name 是设备名字。

设备释放函数：

void unregister_chrdev_region（dev_t from， unsigned count）;

7.2.3.4.2　驱动程序示例

driver2.c 文件的内容如下：

```
#include <linux/module.h>
#include <linux/kernel.h>
#include <linux/ctype.h>
#include <linux/device.h>
#include <linux/cdev.h>

static struct cdev my_cdev;
static dev_t dev_no;
int driver2_open（struct inode *inode， struct file *file）
{
    printk（"driver2_open is called. \n"）;
    return 0;
}
ssize_t driver2_read（struct file *file， char __user *buf， size_t size， loff_t *ppos）
{
    printk（"driver2_read is called. \n"）;
    return 0;
}
ssize_t driver2_write （struct file *file， const char __user *buf， size_t size， loff_t
*ppos）
{
    printk（"driver2_write is called. \n"）;
    return 0;
```

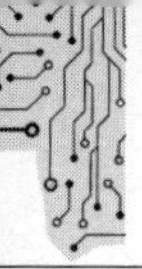


```
}
    static const struct file_operations driver2_ops={
        .owner = THIS_MODULE,
        .open  = driver2_open,
        .read  = driver2_read,
        .write = driver2_write,
};
 static int __init driver2_init ( void )
{
    printk ( "driver2_init is called. \n" ) ;

 // 初始化cdev结构
cdev_init ( &my_cdev,  &driver2_ops ) ;
 // 注册字符设备
alloc_chrdev_region ( &dev_no,  0,  2,  "driver2" ) ;
//向Linux 系统添加这个字符设备
    cdev_add ( &my_cdev,  dev_no,  2 ) ;
    return 0;
}
    static void __exit driver2_exit ( void )
{
    printk ( "driver2_exit is called. \n" ) ;
    // 注销设备
    cdev_del ( &my_cdev ) ;
    // 注销设备号
    unregister_chrdev_region ( dev_no,  2 ) ;
}
MODULE_LICENSE ( "GPL" ) ;
module_init ( driver2_init ) ;
module_exit ( driver2_exit ) ;
```

7.2.3.4.3 创建 Makefile 文件

touch Makefile

内容如下：

```
ifneq ($(KERNELRELEASE),)
  obj-m := driver2.o
else
  KERNELDIR ?= /lib/modules/$(shell uname -r)/build
  PWD := $(shell pwd)
default:
  $(MAKE) -C $(KERNELDIR) M=$(PWD) modules
clean:
  $(MAKE) -C $(KERNEL_PATH) M=$(PWD) clean
endif
```

7.2.3.4.4 编译和运行

编译驱动模块：make

得到驱动程序：driver2.ko

加载驱动模块：insmod driver2.ko

查看/proc/devices目录下显示的设备号：cat /proc/devices

手动创建设备节点：mknod -m 660 /dev/driver2 c 244 0

主设备号 244 是从 /proc/devices 目录下查到的。

7.2.3.4.5 应用程序设计

touch app_driver2.c

文件内容如下：

```
#include <stdio.h>
#include <unistd.h>
#include <fcntl.h>

int main(void)
{
  int ret;
  int read_data[4] = {0};
  int write_data[4] = {1, 2, 3, 4};
  int fd = open("/dev/driver2", O_RDWR);
  if(-1 != fd)
  {
     ret = read(fd, read_data, 4);
     printf("read ret = %d \n", ret);
```

```
        ret = write ( fd, write_data, 4 ) ;
        printf ( "write ret = %d \n", ret ) ;
    }
    else
    {
        printf ( "open /dev/driver2 failed! \n" ) ;
    }
    return 0;
}
```

7.2.3.4.6 编译和测试

```
gcc app_driver2.c -o app_driver2
./app_driver2
read ret = 0
write ret = 0
```

最后卸载驱动模块：rmmod driver2

7.2.3.4.7 自动创建和删除设备

前面都是手动创建设备节点的，还可以通过mdev程序来实现设备文件节点的自动创建与删除。

（1）创建和删除类。

自动创建设备节点的工作是在驱动程序的入口函数中完成的，一般在 cdev_add函数后面添加自动创建设备节点的相关代码。

首先要创建一个class，定义在文件include/linux/device.h里面。class_create是类创建函数，class_create是宏定义，内容如下：

```
#define class_create ( owner, name )
......
```

class_create 一共有两个参数，参数owner一般是THIS_MODULE，参数 name 是类名字。

返回值是指向结构体class的指针，也就是创建的类。

卸载驱动程序的时候需要删除类，类删除函数为class_destroy，其函数原型如下：

```
void class_destroy ( struct class *cls ) ;
```

参数 cls 就是要删除的类。

（2）创建和删除设备。

创建好类以后还需要在这个类下创建一个设备。使用device_create函数在类下面创建设备，其函数原型如下：

```
struct device *device_create（
struct class *class,
struct device *parent,
dev_t devt,
void *drvdata,
const char *fmt， ...）；
```

device_create是一个可变参数函数，参数class就是设备要创建在哪个类下面；参数parent是父设备，一般为NULL，也就是没有父设备；参数devt是设备号；参数drvdata是设备可能会使用的一些数据，一般为NULL；参数fmt是设备名字，如果设置fmt=xxx，则会生成/dev/xxx这个设备文件。函数的返回值是创建好的设备。

同样的，卸载驱动的时候需要删除创建的设备，设备删除函数为 device_destroy，其函数原型如下：

```
void device_destroy（struct class *class， dev_t devt）
```

参数 class 是要删除的设备所处的类，参数 devt 是要删除的设备号。

（3）参考示例。

在驱动程序入口函数中创建类和设备，在驱动程序出口函数中删除类和设备，参考示例如下：

```
struct class *class； /* 类 */
struct device *device； /* 设备 */
dev_t devid； /* 设备号 */

/* 驱动入口函数 */
static int __init driver2_init（void）
{
/* 创建类 */
class = class_create（THIS_MODULE， "driver2"）；
/* 创建设备 */
device = device_create（class， NULL， devid， NULL， "driver2"）；
return 0;
}

```

```
/* 驱动出口函数 */
static void __exit driver2_exit ( void )
{
/* 删除设备 */
device_destroy ( class,  devid ) ;
/* 删除类 */
class_destroy ( class ) ;
}

module_init ( driver2_init ) ;
module_exit ( driver2_exit ) ;
```

习题 7

1. 修改案例1驱动程序（DEMO），完成升序排列。
2. 修改案例2驱动程序（LED），采用cdev完成设计。
3. 依据本书提供的例程，完成按键驱动程序设计。
4. 依据本书提供的例程，完成串口通信驱动程序设计。

第 8 章　嵌入式应用程序设计

随着消费类电子设备的普及，越来越多的嵌入式产品如多媒体播放器、手机等需要图形用户界面（GUI）的支持。本章介绍嵌入式软件开发中比较流行的GUI平台Qt，并结合实例介绍Linux系统下Qt应用软件开发的基本流程。

8.1　嵌入式应用程序设计概述

嵌入式应用软件是针对特定应用领域，基于某一固定的硬件平台，用来达到用户预期目标的计算机软件。特定设计是指专用于特定场景。由于用户任务可能有时间和精度上的要求，因此有些嵌入式应用软件需要特定嵌入式操作系统的支持。嵌入式应用软件和普通应用软件有一定的区别，它不仅要求其准确性、安全性和稳定性等方面能够满足实际应用的需要，而且要尽可能地进行优化，以减少对系统资源的消耗，降低硬件成本。

嵌入式GUI为嵌入式系统提供了一种应用于特殊场合的人机交互接口。由于嵌入式系统硬件资源有限，因此要求嵌入式GUI具备以下特点：

（1）体积小；

（2）运行时耗用系统资源少；

（3）上层接口与硬件无关，高度可移植；

（4）高可靠性；

（5）在某些应用场合应具备实时性。

目前比较流行的嵌入式GUI有Qt/Embedded、MiniGUI、MicroWindows、GTK＋、OpenGUI等。它们有各自的优缺点，但设计思想有很多相似之处。

嵌入式GUI多采用分层结构设计，一般可以分为三层：

（1）最上的API（Application Programming Interface）层是GUI提供给用户的编程接口。

（2）中间核心层是GUI最重要的部分，一般采用客户机/服务器（Client/Server，C/S）模式运行，配合相应的功能模块，比如窗口管理模块、时钟管理模块等来完成所需的服务器功能。

（3）底层连接层是GUI平台体系的基础层，负责连接驱动程序。

GUI系统的主要功能集中在核心层，一般包括鼠标管理、定时器管理、光标管理、菜单、对话框管理、控件类管理、DC 管理、GDI 函数、消息管理、窗口管理、字符集支持、局部剪切域管理等功能。

用户使用核心层提供的功能必须通过API接口层，API就是应用编程的接口。通过该层用户就可以利用核心层提供的功能实现自己的应用程序。

8.2 Qt 概述

Qt是一个跨平台的C++应用程序框架，支持Windows、Linux、Mac OS X、Android、iOS、Windows Phone、嵌入式系统等。也就是说，Qt 可以同时支持桌面应用程序开发、嵌入式开发和移动开发，覆盖了现在所有的主流平台。只需要编写一次代码，在发布到不同平台前重新编译即可。

Qt不仅是一个GUI库，利用它还可以创建优美的界面。Qt具有很多组件， Qt程序最终会编译成本地代码，而不是依托虚拟机。

使用Qt开发的软件，相同的代码可以在任何支持的平台上编译并运行，而不需要修改源代码。其会自动依据平台的不同，表现出平台特有的图形界面风格。

除了商业授权，目前Qt的开源授权有两种，一种是GPL授权，另一种是LGPL授权（诺基亚公司收购后新增）。对这两种开源授权，简单来说，使用GPL版本的软件还是GPL的开源软件，无论是使用Qt的程序代码还是使用经过修改的Qt库代码，都必须按照GPL来发布，这是GPL的“传染性”。GPL要求无条件开源，这对于商业软件应用是不利的，因此诺基亚公司增加了LGPL 授权（第一个L可以代表Lesser，即宽松版，或Library，即开发库版）。使用LGPL授权就可以利用Qt官方动态链接库，而不必开放商业源代码。只要不修改和定制Qt库，仅使用Qt官方发布的动态链接库就可以不开源，这是商业友好的授权模式。

8.3 Qt 开发环境的搭建

8.3.1 Qt安装包下载

Qt 官方网站下载地址是http：//download.qt.io/，见峅8-1。

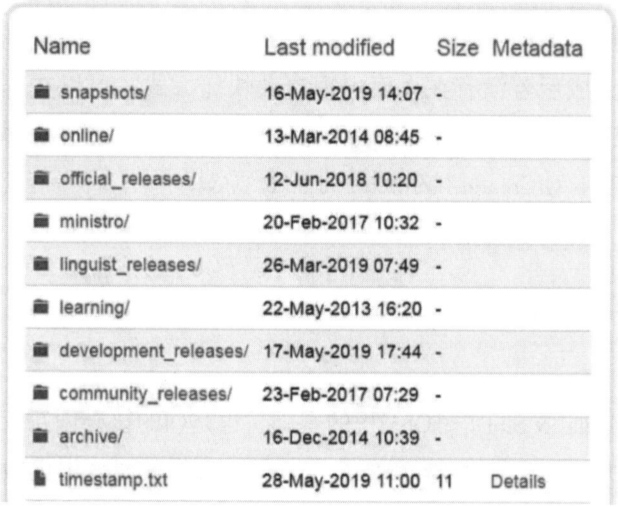

Name	Last modified	Size	Metadata
snapshots/	16-May-2019 14:07	-	
online/	13-Mar-2014 08:45	-	
official_releases/	12-Jun-2018 10:20	-	
ministro/	20-Feb-2017 10:32	-	
linguist_releases/	26-Mar-2019 07:49	-	
learning/	22-May-2013 16:20	-	
development_releases/	17-May-2019 17:44	-	
community_releases/	23-Feb-2017 07:29	-	
archive/	16-Dec-2014 10:39	-	
timestamp.txt	28-May-2019 11:00	11	Details

图 8-1　Qt 官方网站下载截图

图8-1中各目录项说明如表8-1所示。

表 8-1　Qt 官网下载目录说明

目录	说明
archive	各种 Qt 开发工具安装包，可以下载 Qt 开发环境和源代码
community_releases	社区定制的Qt库
development_releases	开发版，在 Qt 开发过程中的非正式版本
learning	有学习 Qt 的文档教程和示范视频
ministro	迷你版，目前是针对Android的版本
official_releases	正式发布版，是与开发版相对的稳定版Qt库和开发工具
online	Qt在线安装源
snapshots	预览版，最新的开发测试中的 Qt 库和开发工具

进入某个版本目录，可以看到不同平台下的安装包。

后缀.exe是Windows平台下的安装包，.dmg是Mac平台下的安装包，.run是Linux平台下的安装包。

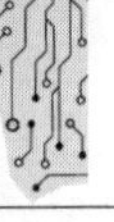

8.3.2 Linux平台下Qt安装

下载的Qt安装包在当前用户时只有读写权限，没有可执行权限，因此要先修改执行权限，再执行安装。

为安装包添加可执行权限：

chmod +x qt-linux-opensource-5.1.0-x86_64-offline.run

暂时以管理员权限执行安装包：

sudo ./qt-linux-opensource-5.1.0-x86_64-offline.run

然后选择安装目录等完成安装。

注意，安装完成后若没有在桌面出现启动快捷方式，可以在/opt/Qt5.1.0/Tools/QtCreator/bin/目录下直接执行qtcreator.sh脚本来启动Qt Creator，然后执行以下指令：

/opt/Qt5.1.0/Tools/QtCreator/bin/qtcreator.sh &（&的作用为在后台运行）

8.4 Qt 信号与槽机制

信号与槽（Signal & Slot）是Qt编程的基础，也是Qt的核心创新。因为有了信号与槽的编程机制，所以在Qt中处理界面各个控件的交互操作时变得更加直观和简单。

8.4.1 信号与槽的原理

8.4.1.1 定义

信号（Signal）是在特定情况下被发射的事件，例如PushButton最常见的信号是鼠标单击时发射的clicked（）信号，一个ComboBox最常见的信号是选择的列表项变化时发射的CurrentIndexChanged（）信号。通常使用emit关键字发射信号。

槽（Slot）是对信号响应的函数。槽函数与一般的C++函数是一样的，可以定义在类的任何部分（public、private 或 protected），可以具有任何参数，也可以被直接调用。槽函数与一般函数不同的是，它可以与一个信号关联，当信号被发射时，关联的槽函数被自动执行。

GUI程序设计的核心内容是对界面上各种控件信号的响应，需要知道什么情况下发射哪些信号，然后合理地响应和处理这些信号。

8.4.1.2 关联格式

信号与槽关联是用 QObject：：connect（）函数实现的，如下所示：

QObject：：connect（sender， SIGNAL（signal（））， receiver， SLOT（slot（））)；

connect（ ）是QObject类的一个静态函数，QObject是所有Qt类的基类。

sender和receiver是指向QObject的指针，signal和slot是信号与槽的函数名。

SIGNAL和SLOT是Qt的宏，用于指明信号与槽，并将它们的参数转换为相应的字符串。

一个信号可以连接多个槽，例如：

connect（spinNum，SIGNAL（valueChanged（int））， this，SLOT（addFun（int））；

connect（spinNum， SIGNAL（valueChanged（int））， this， SLOT（update Status （int））；

这是当一个对象spinNum的数值发生变化时，所在窗体有两个槽进行响应，一个是 addFun（ ）用于计算，一个是updateStatus（ ）用于更新状态。当信号与槽函数带有参数时，在connect（ ）函数里，要写明参数的类型，但可以不写参数名称。

信号通过emit发射，如：emit valueChanged（10）；

断开信号与槽间的联系可以通过函数disconnect实现，与connect类似：

disconnect （const QObject * sender， const char * signal， const QObject * receiver， const char *method ）

8.4.2　Qt设计示例

单击Qt Creator菜单项（文件->新建文件或项目），出现如图8-2所示的对话框。在这个对话框里选择需要创建的项目或文件的模板。

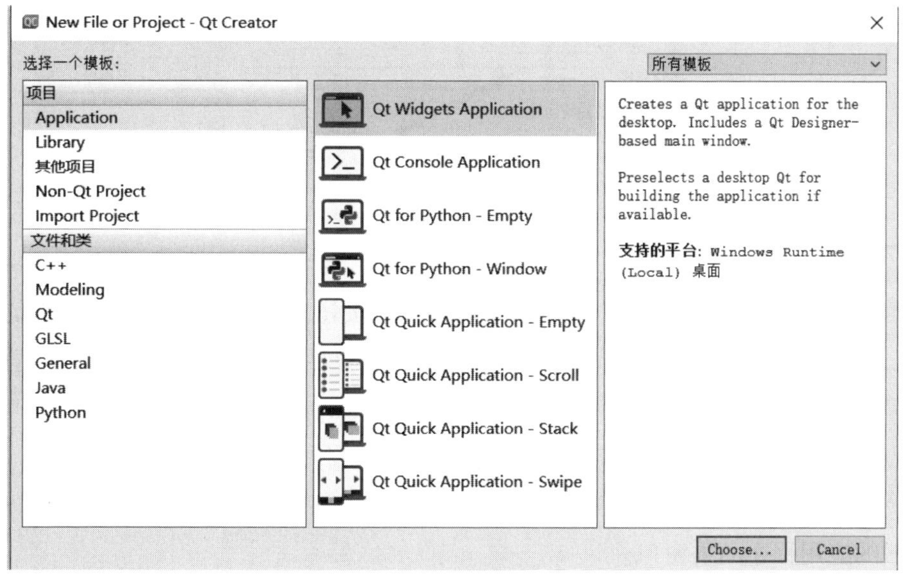

图 8-2　Qt 新建项目对话框

Qt Creator可以创建多种项目，在最左侧的列表框中单击“Application”，中间的列表框中列出了可以创建的应用程序的模板，主要应用程序类型如下：

（1）Qt Widgets Application，支持桌面平台的图形用户界面（GUI）的应用程序。GUI的设计完全基于C++语言，采用Qt提供的一套C++类库。

（2）Qt Console Application，控制台应用程序，无GUI界面，一般用于学习C/C++语言，只需要简单的输入输出操作就可创建此类项目。其类似于Windows系统的CMD窗口或Linux系统的命令行控制台。

（3）Qt Quick Application，创建可部署的Qt Quick应用程序。Qt Quick是Qt支持的一套GUI开发架构，其界面设计采用QML语言，程序架构采用C++语言。利用Qt Quick可以设计非常优美的用户界面，一般用于移动设备或嵌入式设备上无边框的应用程序设计。

在图8-2所示的对话框中选择项目类型为Qt Widgets Application后，单击“Choose…”按钮，出现如图8-3所示的新建项目向导。

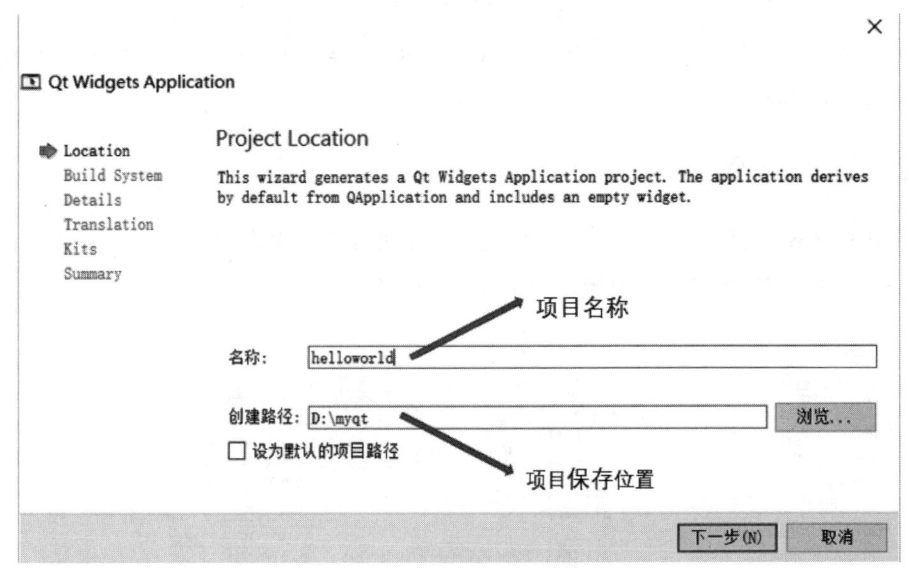

图 8-3　新建项目向导

填好项目名称与保存位置后点击“下一步”按钮，会出现选择编译工具的界面Kits。若在计算机上运行则选择默认就可以，如果需要交叉编译可以自己先配置好编译环境，然后在Qt界面下选择一键编译。如果使用命令行交叉编译效果等同。

点击Details设置需要创建界面的基类，有以下三种选择。

（1）QMainWindow是主窗口类，主窗口具有主菜单栏、工具栏和状态栏，类似于一般的应用程序的主窗口。

（2）QWidget是所有具有可视界面类的基类，选择QWidget创建的界面对各种界面控件都可以支持。

（3）QDialog是对话框类，可以建立一个基于对话框的界面。

在此选择QMainWindow作为基类，自动更改的各个文件名不用手动去修改。勾选“创建界面”复选框。这个选项如果勾选，就会由Qt Creator创建用户界面文件，否则需要自己编程手工创建界面。初始学习时为了了解Qt Creator的设计功能，建议勾选此选项，如图8-4所示。

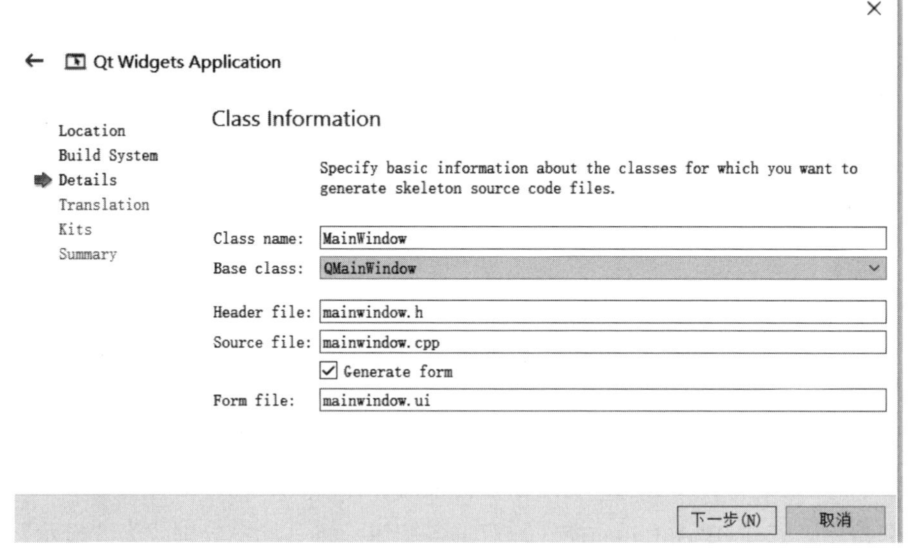

图 8-4　Details 设置对话框

然后单击“下一步”按钮，会出现一个页面，其中总结了需要创建的文件和文件保存目录，单击“完成”按钮就可以完成项目的创建。

项目根节点下的几个文件及分组分别为以下几项：

（1）helloworld.pro是项目管理文件，包括一些对项目的设置项。

（ ）Header file分组，该节点下是项目内的所有头文件（.h），图中所示项目有一个头文件 mainwindow.h，是主窗口类的头文件。

（3）Source file分组，该节点下是项目内的所有C++源文件（.cpp），图中所示项目有两个C++源文件，mainwindow.cpp是主窗口类的实现文件，与mainwindow.h文件对应。main.cpp 是主函数文件，也是应用程序的入口。

（4）Form file分组，该节点下是项目内的所有界面文件（.ui）。图中所示项目有一个界面文件mainwindow.ui，是主窗口的界面文件。界面文件是文本文件，使用XML语言描述界面的组成，编译之前会由解释器转化为C++语言，再进行编译。

双击文件目录树中的文件mainwindow.ui，出现如图8-5所示的UI窗体设计界面。

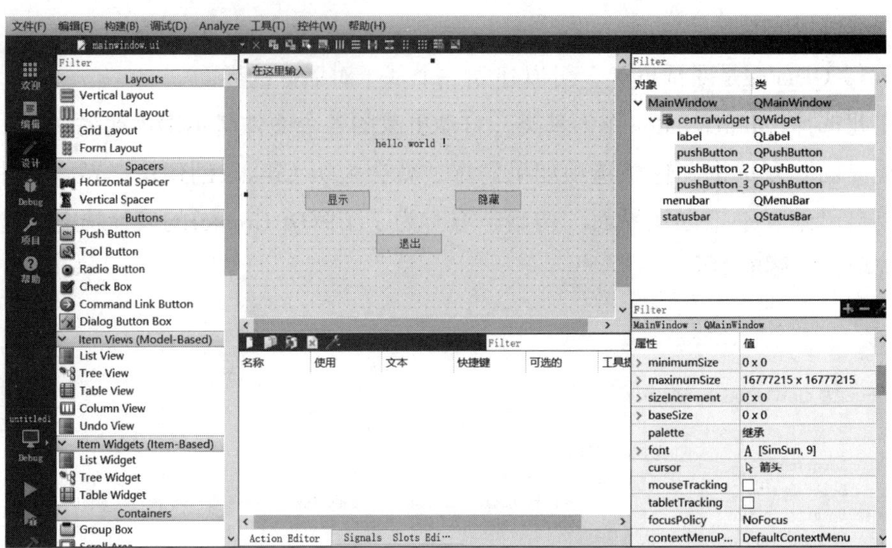

图 8-5 UI 窗体设计界面

这个界面实际上是Qt Creator中集成的Qt Designer。窗口左侧是分组的控件面板，中间是设计的窗体。在控件面板的 Display Widgets 分组里，将一个Label控件拖放到设计的窗体上面。双击刚刚放置的Label控件，可以编辑其文字内容，将文字内容更改为“hello，world！”。还可以在窗口右下方的属性编辑器里编辑标签的Font属性，Point Size（点大小）更改为12，勾选粗体，单击保存。

再依次拖入3个QPusuButton控件，双击各按钮，将其标签分别改为“显示”“隐藏”和“退出”，布局如图8-5所示。

然后采用可视化的方式设置信号与槽，即将按钮的clicked（）信号与这些槽函数关联起来。在UI设计器里，单击上方工具栏里的“Edit Signals/Slots”按钮，窗体进入信号与槽函数编辑状态，将鼠标移动到“隐藏”按钮上方，再按下鼠标左键，移动到label1控件上释放左键，这时出现如图8-6所示的配置连接对话框。

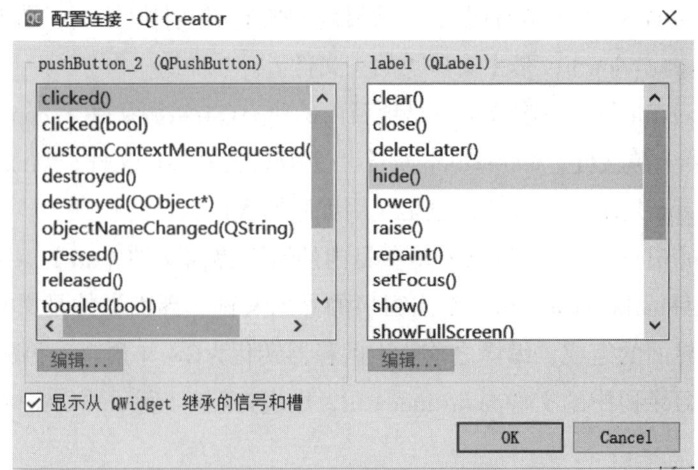

图 8-6 可视化配置信号与槽

勾选下面的“显示从QWidget继承的信号和槽”，则右侧窗口出现待选的函数，选择“hide ( ) ”，点击OK。

仿照此步骤，再分别关联“显示”按钮和label1，函数选择“显示”和“退出”。

首先对项目进行编译，没有错误后，再运行程序。程序运行的界面如图8-7所示。

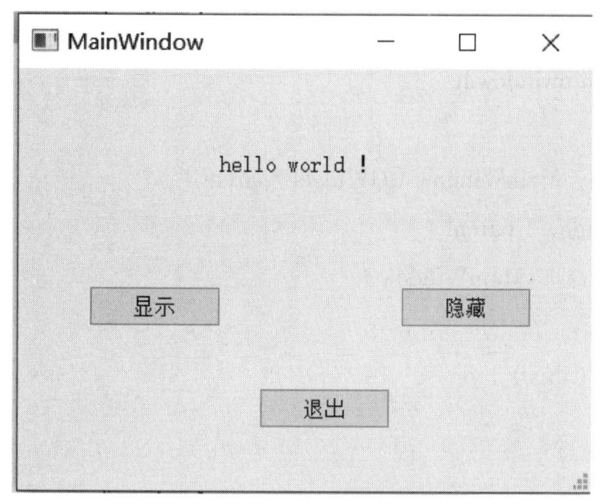

图 8-7　程序运行界面

此时点击“隐藏”按钮，则“hello world! ”消失；再点击“显示”按钮，“hello world! ”又出现；点击“退出”按钮，则程序关闭。

本例中设置信号与槽时，也可以采用如下自主编程的方式。

右键点击“隐藏”按钮，出现快捷菜单，如图8-8所示。

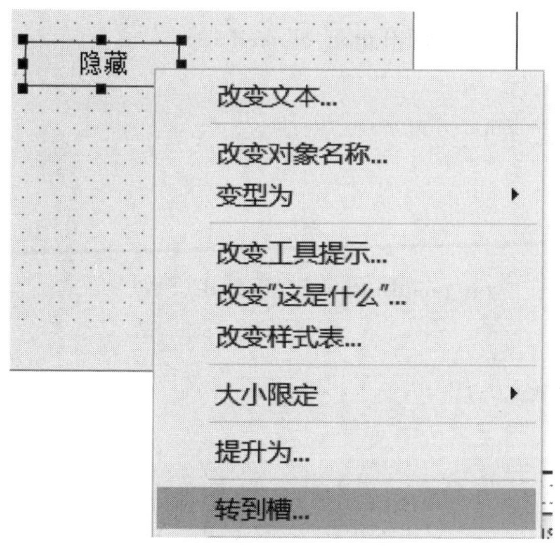

图 8-8　信号选择界面

选择”转到槽”，再选择事件函数“clicked ( ) ”，点击“确定”后会回到

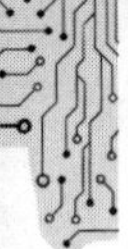

mainwindow.cpp函数编辑界面，出现一个新函数：

void MainWindow：：on_pushButton_2_clicked（）

在其中输入：ui->label->hide（）；

以此类推，分别编写好三个按钮的槽函数，最后mainwindow.cpp函数如下：

```
#include "mainwindow.h"
#include "ui_mainwindow.h"

MainWindow：：MainWindow（QWidget *parent）
  ：QMainWindow（parent）
  ，ui（new Ui：：MainWindow）
{
  ui->setupUi（this）；
}

MainWindow：：~MainWindow（）
{
  delete ui;
}


void MainWindow：：on_pushButton_clicked（）
{
  ui->label->show（）；
}

void MainWindow：：on_pushButton_2_clicked（）
{
  ui->label->hide（）；
}

void MainWindow：：on_pushButton_3_clicked（）
{
  this->close（）；
```

```
}
```

运行结果同上。

8.5 Qt纯代码设计UI

本节介绍用纯代码方式设计UI的实例，比直接使用可视化设计更加灵活。

该项目运行结果如图8-9所示。

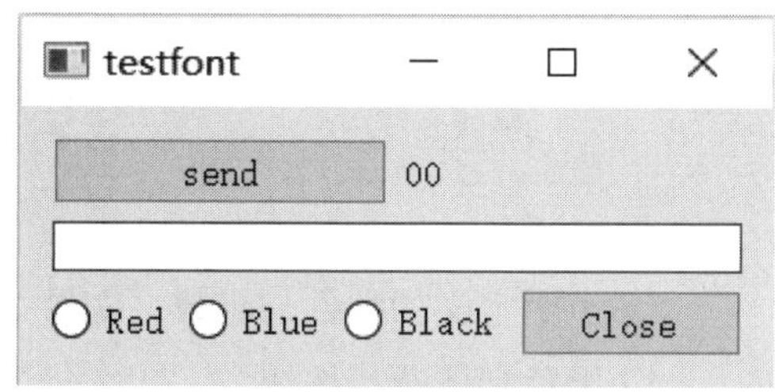

图 8-9　程序运行结果

程序功能是在中间的编辑框输入一个整数，点击“send”按钮，该数将被传递给Label控件并显示出来，点选下边的字体颜色选择按钮可以改变显示字体的颜色。点击“Close”按钮则关闭窗口，退出程序。

首先建立一个Widget Appliation项目，在创建项目向导中选择基类时，取消创建窗体，即不勾选“Generate form”（创建界面）复选框。创建后的项目文件目录树下没有.ui 文件。

然后通过.h和.cpp设计界面布局，并设计自定义的函数、信号与槽。

需要注意以下几点：① 类的声明和实现分别放在.h和.cpp文件中；② 类声明中包含Q_OBJECT宏；③ 信号只要声明，不要设计其实现函数；④ 发射信号用emit关键字；⑤ 自定义槽的实现与普通成员函数的实现一样。

此例需要创建用户自定义的信号与槽。在类声明中声明自定义的信号和槽。在关键字public slots下声明自定义的槽，在signals关键字下声明自定义的信号。具体步骤如下：

（1）fontwidget.h头文件内容。

```
#ifndef FONTWIDGET_H
#define FONTWIDGET_H
#include <QWidget>
#include <QCheckBox>
#include <QRadioButton>
```

```
#include <QLineEdit>
#include <QLabel>
#include <QPushButton>
 #include  <QHBoxLayout>
class FontWidget :  public QWidget
{
   Q_OBJECT

public:
   FontWidget ( QWidget *parent = nullptr ) ;
   ~FontWidget ( ) ;
   int oldvalue;
 private:                      //声明定义的控件与函数、变量
   QRadioButton *Blackbtn;     //黑色字体选择按钮
   QRadioButton *Bluebtn;      //蓝色字体选择按钮
   QRadioButton *Redbtn;       //红色字体选择按钮

   QPushButton *Closebtn;      //退出按钮
   QLineEdit *inputvalue;      //输入数值控件
   QPushButton *sendvaluebtn;  //发送按钮
   QLabel *dispvalue;          //显示数值控件

   void setupUI ( ) ;          //初始化界面函数，在主窗口类的构造函数中被调用
   void setupSignalSlots ( ) ; //信号与槽关联设置函数，在主窗口类的构造函数中被
调用
signals:                       //自定义信号
   void ValueChanged ( int ) ; //若编辑框中的数值发生变化，则发出此信号及新的
数值

public slots:                  //自定义槽函数
   void ChangeValue ( int ) ;  // 响应ValueChangeid ( int ) 信号的槽函数
   void SetValue (  ) ;        //点击发送按钮的槽函数，将检查编辑框中的数据，若
判断输入了新数据，则发出信号ValueChanged ( int ) 及新的数值
   void setTextColor ( ) ;     //设置数值颜色函数
```

```
};
#endif // FONTWIDGET_H
```

（2）SetValue（）函数。

```
void FontWidget：：SetValue（）
{

  int value1= inputvalue->text（）.toInt（）；
  if（value1！ =oldvalue）
  {
  oldvalue=value1;
  emit ValueChanged（value1）；
  }

}
```

只有当新值与旧值不同时，才发射ValueChanged（）信号，且oldvalue将被更新为新值value1。

（3）ChangeValue（）函数。

```
void FontWidget：：ChangeValue（int num）
{
  setTextColor（）；
  dispvalue->setText（QString：：number（num，10））；
}
```

（4）setupSignalSlots（）函数。

需要做的最后一件事是将信号和槽连接起来，在函数setupSignalSlots（）中集中实现：

```
void FontWidget：：setupSignalSlots（）
{
connect(Closebtn，SIGNAL(clicked())，this，SLOT(close()));
connect(Redbtn，SIGNAL(clicked())，this，SLOT(setTextColor()));
connect(Bluebtn，SIGNAL(clicked())，this，SLOT(setTextColor()));
connect(Blackbtn，SIGNAL(clicked())，this，SLOT(setTextColor()));
connect(sendvaluebtn，SIGNAL(clicked())， this，SLOT(SetValue()));
connect(this，SIGNAL(ValueChanged(int))，this，SLOT(ChangeValue(int)));
```

```
}
```

（5）更改字体颜色函数setTextColor（）。

```
void FontWidget：：setTextColor（）
{
  QPalette palete;
    if（Blackbtn->isChecked（））
    {
          color=Qt：：black;
          palete.setColor（QPalette：：WindowText，Qt：：black）；
    }
    else if（Redbtn->isChecked（））
    {
          color=Qt：：red;
        palete.setColor（QPalette：：WindowText，Qt：：red）；
    }
    else if（Bluebtn->isChecked（））
    {
          color=Qt：：blue;
        palete.setColor（QPalette：：WindowText，Qt：：blue）；
    }
    else{
        palete.setColor（QPalette：：WindowText，Qt：：black）；
        color=Qt：：black;
    }

    dispvalue->setPalette（palete）；
}
```

（6）界面生成函数setupUI（）。

```
void FontWidget：：setupUI（）
{
    Closebtn= new QPushButton（tr（"Close"））；
    Blackbtn =new QRadioButton（tr（"Black"））；
    Bluebtn  =new QRadioButton（tr（"Blue"））；
    Redbtn  =new QRadioButton（tr（"Red"））；
```

```
    inputvalue=new QLineEdit ( ) ;
    sendvaluebtn=new QPushButton ( tr ( "send" ) ) ;
    dispvalue=new QLabel ( tr ( "00" ) ) ;
    QHBoxLayout *HLayout1= new QHBoxLayout; //水平布局
    HLayout1->addWidget ( sendvaluebtn ) ;
    HLayout1->addWidget ( dispvalue ) ;
    QHBoxLayout *HLayout2= new QHBoxLayout;
    HLayout2->addWidget ( inputvalue ) ;

    QHBoxLayout *HLayout3= new QHBoxLayout;
    HLayout3->addStretch ( ) ;
    HLayout3->addWidget ( Redbtn ) ;
    HLayout3->addWidget ( Bluebtn ) ;
    HLayout3->addWidget ( Blackbtn ) ;
    HLayout3->addWidget ( Closebtn ) ;

    QVBoxLayout *VBoxLayout=new QVBoxLayout; //垂直布局
    VBoxLayout->addLayout ( HLayout1 ) ;
    VBoxLayout->addLayout ( HLayout2 ) ;
    VBoxLayout->addLayout ( HLayout3 ) ;
    setLayout ( VBoxLayout ) ; //将VBoxLayout添加到widget窗口中
}
```

Qt提供的布局控件有 QVBoxLayout、QHBoxLayout、QGridLayout，其中：

（1）QHBoxLayout：在水平方向上排列控件，左右排列。

（2）QVBoxLayout：在垂直方向上排列控件，上下排列。

（3）QGridLayout：网格布局，可以将一些控件按照行和列排列在窗口上。

8.6　Qt 嵌入式交叉编译环境

Qt/Embedded是Qt的嵌入式开发环境。它是以原始Qt为基础，做了许多调整以适用于嵌入式环境。

Qt/Embedded拥有与Qt一样的API，开发者无须关心程序运行的平台和系统，具有平台无关性。而且Qt/Embedded很省内存，因为它不需要X服务器或是Xlib库，它在底层舍弃了Xlib，采用framebuffer（帧缓冲）作为图形接口。同时，它将外部输入设备抽象为键盘和鼠标输入事件。

Qt/Embedde的应用程序可以直接写入内核缓冲帧，这避免了开发者使用烦琐的Xlib/Server系统。

本节利用正点原子的嵌入式开发板，学习如何搭建Qt交叉编译环境。采用命令行编译Qt工程，这里只编译已经调试好的Qt工程，生成可以在iMX6U开发板上执行的Qt程序。

拷贝Qt工程到Ubuntu虚拟机，例如拷贝正点原子Qt浏览器工程，把所提供案例的整个文件夹放到虚拟机里，使用CD命令进入这个工程。

使用source 指令使能当前终端交叉编译环境变量：

source /opt/fsl-imx-x11/4.1.15-2.1.0/environment-setup-cortexa7hf-neon-poky-linux-gnueabi

在当前目录执行命令qmake生成Makefile文件，再直接执行make，编译这个工程。

编译成功如下图后，会在当前目录下生成一个可执行文件：QWebBrowser。

用NFS或者FTP的方式把这个可执行文件下载到开发板，运行该程序就可以看到运行效果。

最后执行make distclean命令，清除编译生成的*.o文件等。

8.7 Qt 嵌入式开发实例

本节通过实例介绍如何将Qt应用到正点原子的嵌入式 i.MX6ULL开发板上，亦可参考修改后应用到其他平台的嵌入式Linux开发板上。

8.7.1 Qt控制LED灯

在正点原子的i.MX6U ALPHA开发板上，有一个 LED，电路原理如图8-10所示。

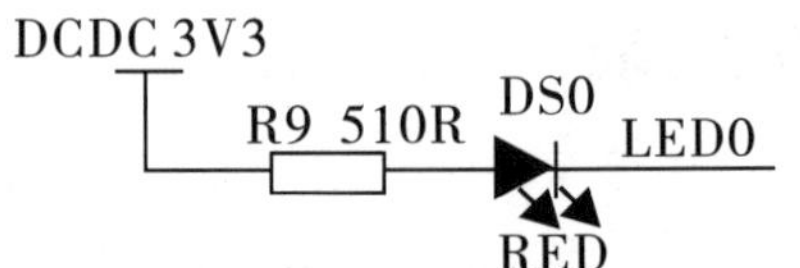

图 8-10 i.MX6U ALPHA 开发板电路原理图

项目源码见开发板配套例程Qt/3/01_led。

8.7.1.1 mainwindow.h

```
#ifndef MAINWINDOW_H
#define MAINWINDOW_H

#include <QMainWindow>
#include <QPushButton>
#include <QFile>

class MainWindow ： public QMainWindow
{
Q_OBJECT

public:
MainWindow（QWidget *parent = nullptr）；
~MainWindow（）；

private:
/* 按钮 */
QPushButton *pushButton;

/* 文件 */
QFile file;

/* 设置 lED 的状态 */
void setLedState（）；

/* 获取 lED 的状态 */
bool getLedState（）；

private slots:
void pushButtonClicked（）；
};
#endif // MAINWINDOW_H
```

8.7.1.2　mainwindow.cpp

```
#include "mainwindow.h"
#include <QDebug>
#include <QGuiApplication>
#include <QScreen>
#include <QRect>

MainWindow：：MainWindow（QWidget *parent）
：QMainWindow（parent）
{
/* 获取屏幕的分辨率，Qt 官方建议使用这
* 种方法获取屏幕分辨率，防止多屏设备导致对应不上
* 注意，这是获取整个桌面系统的分辨率
*/
QList <QScreen *> list_screen = QGuiApplication：：screens（）；

/* 如果是 ARM 平台，直接设置成屏幕的大小 */
#if __arm__
/* 重设大小 */
this->resize（list_screen.at（0）->geometry（）.width（），
list_screen.at（0）->geometry（）.height（））；
/* 默认是出厂系统的 LED 心跳的触发方式，要想控制 LED，
* 需要改变 LED 的触发方式，改为 none，即无 */
system（"echo none > /sys/class/leds/sys-led/trigger"）；
#else
/* 否则设置主窗体大小为 800×480 */
this->resize（800，480）；
#endif

pushButton = new QPushButton（this）；

/* 居中显示 */
pushButton->setMinimumSize（200，50）；
pushButton->setGeometry（（this->width（）- pushButton->width（））/2，
```

```
（this->height（ ） - pushButton->height（ ））/2,
pushButton->width（ ）,
pushButton->height（ ）
）;
/* 开发板的 LED 控制接口 */
file.setFileName（"/sys/devices/platform/leds/leds/sys-led/brightness"）;
if（！ file.exists（ ））
/* 设置按钮的初始化文本 */
pushButton->setText（"未获取到 LED 设备！"）;
/* 获取 LED 的状态 */
getLedState（ ）;
/* 信号槽连接 */
connect（pushButton, SIGNAL（clicked（ ））,
this, SLOT（pushButtonClicked（ ）））;
}
MainWindow::~MainWindow（ ）
{
}
void MainWindow::setLedState（ ）
{
/* 在设置 LED 状态时先读取 */
bool state = getLedState（ ）;
/* 如果文件不存在，则返回 */
if（！ file.exists（ ））
return;
if（！ file.open（QIODevice::ReadWrite））
qDebug（ ）<<file.errorString（ ）;
```

```
QByteArray buf［2］ ={"0"， "1"};
/* 写 0 或 1 */
if （state）
file.write（buf［0］）；
else
file.write（buf［1］）；
/* 关闭文件 */
file.close（）；
/*重新获取 LED 的状态 */
getLedState（）；
}
bool MainWindow：：getLedState（）
{
/* 如果文件不存在，则返回 */
if （！file.exists（））
return false;
if（！file.open（QIODevice：：ReadWrite））
qDebug（）<<file.errorString（）；
QTextStream in（&file）；
/* 读取文件所有数据 */
QString buf = in.readLine（）；
/* 打印读出的值 */
qDebug（）<<"buf： "<<buf<<endl;
file.close（）；
if （buf == "1"）{
```

```
pushButton->setText（"LED 点亮"）；
return true;
} else {
pushButton->setText（"LED 熄灭"）；
return false;
}
}

void MainWindow：：pushButtonClicked（）
{
/* 设置 LED 的状态 */
setLedState（）；
}
```

8.7.1.3 编译下载运行

采用8.6节的步骤进行交叉编译，然后拷贝到开发板运行，即可观察到LED灯的亮灭。

8.7.2 Qt串口通信

Qt提供了串口类，可以直接对串口访问，直接使用Qt的串口类编程即可。

在正点原子的i.MX6U开发板的出厂系统里，已经默认配置了两路串口可用。一路是调试UART1（对应系统里的节点/dev/ttymxc0），另一路是UART3（对应系统里的节点/dev/ttymxc2）。其中UART1作为调试串口被使用，这里只能对 UART3 进行编程。

本例采用开发板配套的Qt/3/03_serialport项目。

8.7.2.1 在pro项目文件中添加串口模块的支持

```
# 添加串口模块支持
QT += core gui serialport

greaterThan（QT_MAJOR_VERSION， 4）： QT += widgets

CONFIG += c++11

# The following define makes your compiler emit warnings if you use
# any Qt feature that has been marked deprecated （the exact warnings
```

```
# depend on your compiler). Please consult the documentation of the
# deprecated API in order to know how to port your code away from it.
DEFINES += QT_DEPRECATED_WARNINGS
# You can also make your code fail to compile if it uses deprecated APIs.
# In order to do so, uncomment the following line.
# You can also select to disable deprecated APIs only up to a certain version of Qt.
#DEFINES += QT_DISABLE_DEPRECATED_BEFORE=0x060000 # disables all the APIs deprecated before Qt 6.0.0
SOURCES += \
main.cpp \
mainwindow.cpp
HEADERS += \
mainwindow.h
# Default rules for deployment.
qnx: target.path = /tmp/$${TARGET}/bin
else: unix: ! android: target.path = /opt/$${TARGET}/bin
! isEmpty(target.path): INSTALLS += target
```

8.7.2.2 mainwindow.h

```
#ifndef MAINWINDOW_H
#define MAINWINDOW_H
#include <QMainWindow>
#include <QSerialPort>
#include <QSerialPortInfo>
#include <QPushButton>
#include <QTextBrowser>
#include <QTextEdit>
#include <QVBoxLayout>
#include <QLabel>
#include <QComboBox>
```

```
#include <QGridLayout>
#include <QMessageBox>
#include <QDebug>

class MainWindow ：  public QMainWindow
{
Q_OBJECT

public:
MainWindow（QWidget *parent = nullptr）；
~MainWindow（ ）；

private:
/* 串口对象 */
QSerialPort *serialPort;

/* 用作接收数据 */
QTextBrowser *textBrowser;

/* 用作发送数据 */
QTextEdit *textEdit;

/* 按钮 */
QPushButton *pushButton［2］；

/* 下拉选择盒子 */
QComboBox *comboBox［5］；

/* 标签 */
QLabel *label［5］；

/* 垂直布局 */
QVBoxLayout *vboxLayout;

```

```
/* 网络布局 */
QGridLayout *gridLayout;

/* 主布局 */
QWidget *mainWidget;

/* 设置功能区域 */
QWidget *funcWidget;

/* 布局初始化 */
void layoutInit ( ) ;

/* 扫描系统可用串口 */
void scanSerialPort ( ) ;

/* 波特率项初始化 */
void baudRateItemInit ( ) ;

/* 数据位项初始化 */
void dataBitsItemInit ( ) ;

/* 检验位项初始化 */
void parityItemInit ( ) ;

/* 停止位项初始化 */
void stopBitsItemInit ( ) ;

private slots:
void sendPushButtonClicked ( ) ;
void openSerialPortPushButtonClicked ( ) ;
void serialPortReadyRead ( ) ;
};
#endif // MAINWINDOW_H
```

8.7.2.3　mainwindow.cpp

```
#include "mainwindow.h"
#include <QDebug>
#include <QGuiApplication>
#include <QScreen>
#include <QRect>

MainWindow：：MainWindow（QWidget *parent）
：QMainWindow（parent）
{
/* 布局初始化 */
layoutInit（）；

/* 扫描系统的串口 */
scanSerialPort（）；

/* 波特率项初始化 */
baudRateItemInit（）；

/* 数据位项初始化 */
dataBitsItemInit（）；

/* 检验位项初始化 */
parityItemInit（）；

/* 停止位项初始化 */
stopBitsItemInit（）；
}

void MainWindow：：layoutInit（）
{
/* 获取屏幕的分辨率，Qt 官方建议使用这
* 种方法获取屏幕分辨率，防止多屏设备导致对应不上
* 注意，这是获取整个桌面系统的分辨率
```

```
*/
QList <QScreen *> list_screen = QGuiApplication：：screens（）；
/* 如果是 ARM 平台，直接设置为屏幕大小 */
#if __arm__
/* 重设大小 */
this->resize（list_screen.at（0）->geometry（）.width（），
list_screen.at（0）->geometry（）.height（））；
#else
/* 否则设置主窗体大小为 800×480 */
this->resize（800， 480）；
#endif
/* 初始化 */
serialPort = new QSerialPort（this）；
textBrowser = new QTextBrowser（）；
textEdit = new QTextEdit（）；
vboxLayout = new QVBoxLayout（）；
funcWidget = new QWidget（）；
mainWidget = new QWidget（）；
gridLayout = new QGridLayout（）；
/* QList 链表，字符串类型 */
QList <QString> list1；
list1<<"串口号："<<"波特率："<<"数据位："<<"检验位："<<"停止位："；
for（int i = 0； i < 5； i++）{
label［i］ = new QLabel（list1［i］）；
/* 设置最小宽度与高度 */
label［i］->setMinimumSize（80， 30）；
/* 自动调整 label 的大小 */
label［i］->setSizePolicy（
QSizePolicy：：Expanding，
QSizePolicy：：Expanding
）；
```

```
/* 将 label [ i ] 添加至网格的坐标（0， i） */
gridLayout->addWidget ( label [ i ] ， 0， i )；
}

for （int i = 0； i < 5； i++ ) {
comboBox [ i ]  = new QComboBox ( )；
comboBox [ i ] ->setMinimumSize ( 80， 30 )；
/* 自动调整 label 的大小 */
comboBox [ i ] ->setSizePolicy (
QSizePolicy： ： Expanding，
QSizePolicy： ： Expanding
)；
/* 将 comboBox [ i ] 添加至网格的坐标（1， i） */
gridLayout->addWidget ( comboBox [ i ] ， 1， i )；
}

/* QList 链表，字符串类型 */
QList <QString> list2;
list2<<"发送"<<"打开串口";

for （int i = 0； i < 2； i++ ) {
pushButton [ i ]  = new QPushButton ( list2 [ i ]  )；
pushButton [ i ] ->setMinimumSize ( 80， 30 )；
/* 自动调整 label 的大小 */
pushButton [ i ] ->setSizePolicy (
QSizePolicy： ： Expanding，
QSizePolicy： ： Expanding
)；
/* 将 pushButton [ 0 ] 添加至网格的坐标（i， 5） */
gridLayout->addWidget ( pushButton [ i ] ， i， 5 )；
}
pushButton [ 0 ] ->setEnabled ( false )；

/* 布局 */
```

```
vboxLayout->addWidget(textBrowser);
vboxLayout->addWidget(textEdit);
funcWidget->setLayout(gridLayout);
vboxLayout->addWidget(funcWidget);
mainWidget->setLayout(vboxLayout);
this->setCentralWidget(mainWidget);

/* 占位文本 */
textBrowser->setPlaceholderText("接收到的消息");
textEdit->setText("www.openedv.com");

/* 信号槽连接 */
connect(pushButton[0], SIGNAL(clicked()),
this, SLOT(sendPushButtonClicked()));
connect(pushButton[1], SIGNAL(clicked()),
this, SLOT(openSerialPortPushButtonClicked()));

connect(serialPort, SIGNAL(readyRead()),
this, SLOT(serialPortReadyRead()));
}

void MainWindow::scanSerialPort()
{
/* 查找可用串口 */
foreach (const QSerialPortInfo &info,
QSerialPortInfo::availablePorts()) {
comboBox[0]->addItem(info.portName());
}
}

void MainWindow::baudRateItemInit()
{
/* QList 链表，字符串类型 */
QList <QString> list;
```

```
list<<"1200"<<"2400"<<"4800"<<"9600"
<<"19200"<<"38400"<<"57600"
<<"115200"<<"230400"<<"460800"
<<"921600";
for（int i = 0; i < 11; i++）{
comboBox［1］->addItem（list［i］）;
}
comboBox［1］->setCurrentIndex（7）;
}

void MainWindow::dataBitsItemInit（）
{
/* QList 链表，字符串类型 */
QList <QString> list;
list<<"5"<<"6"<<"7"<<"8";
for（int i = 0; i < 4; i++）{
comboBox［2］->addItem（list［i］）;
}
comboBox［2］->setCurrentIndex（3）;
}

void MainWindow::parityItemInit（）
{
/* QList 链表，字符串类型 */
QList <QString> list;
list<<"None"<<"Even"<<"Odd"<<"Space"<<"Mark";
for（int i = 0; i < 5; i++）{
comboBox［3］->addItem（list［i］）;
}
comboBox［3］->setCurrentIndex（0）;
}

void MainWindow::stopBitsItemInit（）
{
```

```
/* QList 链表，字符串类型 */
QList <QString> list;
list<<"1"<<"2";
for （int i = 0； i < 2； i++）{
comboBox [4] ->addItem（list [i]）；
}
comboBox [4] ->setCurrentIndex（0）；
}

void MainWindow：：sendPushButtonClicked（）
{
/* 获取 textEdit 数据，转换成 utf8 格式的字节流 */
QByteArray data = textEdit->toPlainText（）.toUtf8（）；
serialPort->write（data）；
}

void MainWindow：：openSerialPortPushButtonClicked（）
{
if （pushButton [1] ->text（） == "打开串口"）{
/* 设置串口名 */
serialPort->setPortName（comboBox [0] ->currentText（））；
/* 设置波特率 */
serialPort->setBaudRate（comboBox [1] ->currentText（）.toInt（））；
/* 设置数据位数 */
switch （comboBox [2] ->currentText（）.toInt（））{
case 5：
serialPort->setDataBits（QSerialPort：：Data5）；
break;
case 6：
serialPort->setDataBits（QSerialPort：：Data6）；
break;
case 7：
serialPort->setDataBits（QSerialPort：：Data7）；
break;
```

```
case 8:
serialPort->setDataBits ( QSerialPort: : Data8 ) ;
break;
default: break;
}
/* 设置奇偶校验 */
switch (comboBox [ 3 ] ->currentIndex ( ) ) {
case 0:
serialPort->setParity ( QSerialPort: : NoParity ) ;
break;
case 1:
serialPort->setParity ( QSerialPort: : EvenParity ) ;
break;
case 2:
serialPort->setParity ( QSerialPort: : OddParity ) ;
break;
case 3:
serialPort->setParity ( QSerialPort: : SpaceParity ) ;
break;
case 4:
serialPort->setParity ( QSerialPort: : MarkParity ) ;
break;
default: break;
}
/* 设置停止位 */
switch (comboBox [ 4 ] ->currentText ( ) .toInt ( ) ) {
case 1:
serialPort->setStopBits ( QSerialPort: : OneStop ) ;
break;
case 2:
serialPort->setStopBits ( QSerialPort: : TwoStop ) ;
break;
default: break;
}
```

```
/* 设置流控制 */
serialPort->setFlowControl ( QSerialPort: : NoFlowControl ) ;
if ( ! serialPort->open ( QIODevice: : ReadWrite ) )
QMessageBox: : about ( NULL, "错误",
"串口无法打开！可能串口已经被占用！") ;
else {
for ( int i = 0; i < 5; i++ )
comboBox [ i ] ->setEnabled ( false ) ;
pushButton [ 1 ] ->setText ( "关闭串口" ) ;
pushButton [ 0 ] ->setEnabled ( true ) ;
}
} else {
serialPort->close ( ) ;
for ( int i = 0; i < 5; i++ )
comboBox [ i ] ->setEnabled ( true ) ;
pushButton [ 1 ] ->setText ( "打开串口" ) ;
pushButton [ 0 ] ->setEnabled ( false ) ;
}
}

void MainWindow: : serialPortReadyRead ( )
{
/* 接收缓冲区中读取的数据 */
QByteArray buf = serialPort->readAll ( ) ;
textBrowser->insertPlainText ( QString ( buf ) ) ;
}

MainWindow: : ~MainWindow ( )
{
}
```

8.7.2.4 编译下载运行

程序交叉编译后拷贝到开发板运行，用串口线连接开发板的UART3到计算机串口，在计算机用上位机软件设置相同的串口参数，选择串口号为 ttymxc2（注意 ttymxc0 已经作为调试串口被占用了），点击打开串口就可以进行消息的收发。默认参数如下：波特率为 115200，数据位为 8，校验位为 None，停止位为 1，流控为关闭。

习题 8

1. 基于Qt Creator集成开发环境，编写hello word应用程序。
2. 编译运行8.4节实例。
3. 编译运行8.5节实例。
4. 编译下载运行8.7.1节实例。
5. 编译下载运行8.7.2节实例。

参考文献

[1] 姜余祥，杨萍，邹莹. Cortex-A8原理、实践及应用［M］. 北京：电子工业出版社，2018.

[2] 文全刚. 嵌入式Linux操作系统原理与应用［M］. 3版. 北京：北京航空航天大学出版社，2017.

[3] 王剑，刘鹏，胡杰，等. 嵌入式系统设计与应用——基于ARM Cortex-A8和Linux［M］. 北京：清华大学出版社，2017.

[4] 孟祥莲. 嵌入式系统原理及应用教程［M］. 2版. 北京：清华大学出版社，2017.

[5] 华清远见嵌入式培训中心. 嵌入式Linux系统开发入门宝典——基于ARM Cortex-A8处理器［M］. 北京：清华大学出版社，2016.

[6] 华清远见嵌入式培训中心. 嵌入式Linux应用程序开发标准教程［M］. 北京：人民邮电出版社，2009.

[7] 李建祥. 嵌入式Linux应用程序开发标准教程［M］. 北京：人民邮电出版社，2009.

网络资源

[1] i.MX 6UltraLite Applications Processor Reference Manual.

[2] i.MX 6ULL Applications Processor Reference Manual.

[3] i.MX6U 嵌入式 Linux 驱动开发指南 v1.6.

[4] i.MX6U 嵌入式 Qt 开发指南 v1.1.

[5] i.MX6U 嵌入式 Linux C 应用编程指南 v1.4.

[6] i.MX6U 用户快速体验 v1.9.

[7] i.MX6U 出厂系统 Qt 交叉编译环境搭建 v1.6.

[8] https：//blog.csdn.net/qq_45396672/article/details/118345071.

[9] http：//c.biancheng.net/view/1824.html.